[ALL]IANCE DES MAISONS D'ÉDUCATION CHRÉTIENNE

CHIMIE

EXPÉRIMENTALE ET PRATIQUE

POUR LE

PREMIER ENSEIGNEMENT DE CETTE SCIENCE

(PROGRAMME DU BREVET ÉLÉMENTAIRE)

AVEC UN SUPPLÉMENT SUR LES MANIPULATIONS CHIMIQUES

PAR L'ABBÉ J. LORIDAN

LICENCIÉ ÈS SCIENCES

PROFESSEUR A L'INSTITUTION SAINT-JEAN, A DOUAI

Ouvrage orné de 100 gravures.

PARIS

LIBRAIRIE POUSSIELGUE FRÈRES

CH. POUSSIELGUE, SUCCESSEUR

RUE CASSETTE, 15

1888

CHIMIE

EXPÉRIMENTALE ET PRATIQUE

PROPRIÉTÉ DE

OUVRAGES DU MÊME AUTEUR

Chimie (Éléments de), avec de nombreuses figures dans le texte, contenant les matières du programme du baccalauréat ès lettres. In-18 jésus, cartonné . . . . 3 fr.

Physique expérimentale et pratique, pour le premier enseignement de cette science. Ouvrage orné de 260 gravures et contenant 400 exercices de physique pratique. In-16, reliure demi-toile . . . . 3 fr.

Physique (Cours élémentaire de), contenant les matières du programme du baccalauréat ès lettres avec 285 exercices. Ouvrage orné de plus de 400 gravures intercalées dans le texte et d'une planche en couleur. In-12, broché . . . . 6 fr.
Cartonné . . . . 6 fr. 25

ALLIANCE DES MAISONS D'ÉDUCATION CHRÉTIENNE

CHIMIE

EXPÉRIMENTALE ET PRATIQUE

POUR LE

PREMIER ENSEIGNEMENT DE CETTE SCIENCE

(PROGRAMME DU BREVET ÉLÉMENTAIRE)

AVEC UN SUPPLÉMENT SUR LES MANIPULATIONS CHIMIQUES

PAR L'ABBÉ J. LORIDAN

LICENCIÉ ÈS SCIENCES

PROFESSEUR A L'INSTITUTION SAINT-JEAN, A DOUAI

Ouvrage orné de 100 gravures.

PARIS

LIBRAIRIE POUSSIELGUE FRÈRES

CH. POUSSIELGUE, SUCCESSEUR

RUE CASSETTE, 15

1888

CHIMIE

EXPÉRIMENTALE ET PRATIQUE

LIVRE I

Les métalloïdes et leurs principaux composés.

CHAPITRE I

OBJET DE LA CHIMIE

Définition de la chimie. — Propriétés physiques et chimiques des corps. — Combinaisons.

1. DÉFINITION DE LA CHIMIE. — La chimie est une science qui étudie les propriétés des corps, indique les moyens de les reconnaître et décrit les modifications qu'ils peuvent éprouver.

L'objet de cette science est donc d'apprendre à distinguer les corps d'après leur état, leurs propriétés, leurs caractères extérieurs, et aussi de chercher ce qu'ils deviennent quand on les fait réagir l'un sur l'autre.

Exemple. — Le phosphore que porte le bout des allumettes *chimiques* est, en effet, un de ces corps étudiés en chimie; nous le prendrons pour exemple. D'une part, on observe : son *état*, il est solide à la température ordinaire; ses *propriétés*, il fond facilement dans l'eau tiède, et sans s'y dissoudre comme le ferait le sucre, et, détaché du bois qui le portait, il tombe au fond de l'eau; on étudie ensuite ses *caractères :* on distingue le phosphore d'autres corps qui auraient avec lui certaines propriétés communes, on le reconnaît non seulement à son odeur, à sa couleur jaunâtre, à sa transparence, mais surtout à ce qu'il brûle facilement. Le moindre morceau de phosphore prend feu à l'approche d'une allumette, et donne une flamme blanche et brillante. A ce caractère, il sera toujours facile de reconnaître le phosphore.

En outre, la chimie étudie les *modifications* essentielles des corps. Le phosphore complètement brûlé n'est plus du phosphore : il est si changé, qu'il est devenu méconnaissable. Si la combustion s'est faite sous un verre (fig. 1), on ne trouve plus dans le verre qu'une neige blanche qui fond à l'air, qui, projetée dans l'eau, s'y dissout en produisant un sifflement. Le phosphore a, dans ce cas, éprouvé une transformation complète. Cette modification, qui est un des phénomènes spécialement étudiés en chimie, serait tout autre si on avait mis le phosphore à côté d'un grain d'iode; le moindre contact l'aurait alors enflammé, et au lieu d'une fumée blanche comme celle que nous avions dans l'expérience précédente, nous aurions obtenu des vapeurs violettes; à la fin de la combustion, le phosphore et l'iode auraient pareillement disparu. Nous conclurons de ces deux expériences qu'un même corps, le phosphore, peut éprouver des modifications différentes suivant la nature des corps qui réagissent sur lui. Nous allons développer maintenant chacun des termes de la définition que nous venons d'expliquer.

Fig. 1. — Combustion du phosphore.

2. État des corps. — On voit, au commencement de la physique, que les corps se présentent dans trois états différents. Il en est de *solides*, comme le verre, la cire, le phosphore; de *liquides*, comme l'eau et l'huile; de *gazeux*, comme l'air et le gaz de l'éclairage. C'est déjà, pour un corps, une notion importante de savoir que d'ordinaire, c'est-à-dire à la température ordinaire ou ambiante, il est solide, liquide ou gazeux.

3. Propriétés. — Sous chacun de ces trois états, les corps ont des qualités diverses; tous les corps liquides ne sont pas semblables à l'eau. Les uns, comme le vin, sont colorés; d'autres, comme l'huile, sont plus légers que l'eau, puisqu'ils flottent à sa surface; d'autres, comme l'alcool ou le vinaigre, ont une saveur et une odeur qui permettent de les distinguer.

Les propriétés physiques les plus importantes à observer sont : la densité, l'action de la chaleur, la solubilité et l'action sur les sens.

4. **Densité.** — La densité est le rapport qui existe entre le poids d'un corps et le poids du même volume d'un autre corps, pris comme terme de comparaison.

Pour les corps *solides* et les *liquides*, la densité se prend par rapport à l'eau : dire que le plomb, qui est fort lourd, a pour densité 11, cela signifie qu'un litre de plomb pèse 11 fois plus qu'un litre d'eau. Et puisque un litre d'eau pèse 1 kilogramme, un décimètre cube de plomb pèse donc 11 kilogrammes.

La densité des *gaz* s'évalue par rapport à l'air. Les uns sont plus lourds, d'autres plus légers que l'air. Si la densité du gaz de l'éclairage est 0, 55, cela signifie qu'un litre de ce gaz pèse les 0, 55 ou environ la moitié du poids d'un litre d'air; or il importe de se rappeler qu'un litre d'air pèse 1gr 293; un litre de gaz de l'éclairage pèse donc exactement 0, 55 $\times$ 1gr 293, ou 0, 71 centigrammes.

5. Action de la chaleur. — La chaleur *fond* ou *volatilise* certains corps : le soufre, la cire, l'étain, fondent rapidement, même en les exposant à la simple flamme d'une bougie. Le mercure est si fusible, qu'il reste liquide à la température ordinaire.

Mais tous les corps *solides* ne fondent pas à la même température; les uns, comme le beurre, fondent aisément; d'autres, comme le fer, ne fondent qu'aux plus hautes températures. Chaque corps ayant sa température ou son *point de fusion* déterminé, il importe de noter exactement ce chiffre au thermomètre pour avoir un nouveau caractère, une nouvelle propriété physique qui aidera à le reconnaître.

Quant aux *liquides*, on détermine leur *point d'ébullition*, car il est souvent caractéristique. L'alcool chauffé dans un tube plongé dans l'eau bout plus vite que ce dernier liquide. On sait, au contraire, que l'huile demande pour bouillir une température bien supérieure à celle de l'eau bouillante.

6. Solubilité. — Certains corps solides et certains gaz se dissolvent dans l'eau : le sucre, le sel de cuisine fondent ou se dissolvent dans l'eau; le gaz carbonique se dissout dans l'eau des flacons d'eau de Seltz. Certains corps insolubles dans l'eau, comme le camphre, se dissolvent facilement dans l'alcool.

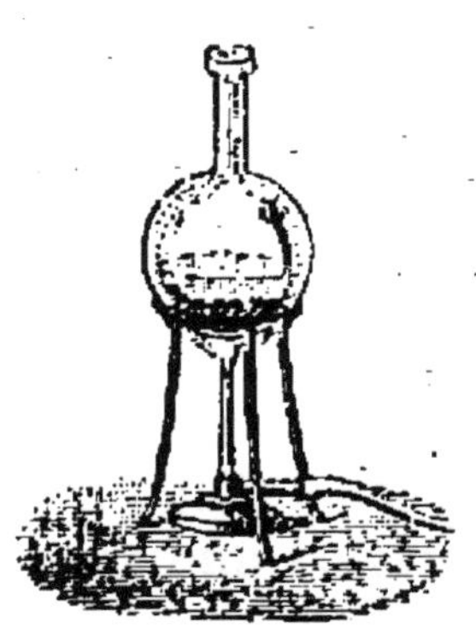

Fig. 2. — Dissolution de l'alun faite à chaud.

Remarquons, en outre, que l'eau chaude dissout généralement un plus grand poids d'un corps; l'alun est assez peu soluble dans l'eau froide, mais l'eau bouillante dissout trois fois son poids d'alun.

La solubilité est donc un nouveau caractère des

corps; il en est d'*insolubles* dans l'eau, comme le soufre et le phosphore; d'autres y sont solubles, comme le sucre. Ce caractère sera encore mieux apprécié si l'on prend soin de déterminer les proportions de solubilité; le sucre est indéfiniment soluble dans l'eau chaude; au contraire, même dans l'eau bouillante, on ne saurait dissoudre qu'une certaine quantité de sel de cuisine.

Il arrive parfois qu'un corps dissous dans une liqueur devient insoluble, on dit alors qu'il se *précipite*. Ce terme revient souvent en chimie, parce que ce genre de phénomène y est fort commun. Son importance nous oblige à nous y arrêter pour citer quelques exemples.

7. **Précipités.** — Un précipité est donc un corps qui devient insoluble dans les circonstances où se fait l'expérience.

Expériences. — 1. Une dissolution d'alun faite à l'ébullition laisse précipiter la majeure partie du sel qu'elle contient, à mesure que la liqueur se refroidit. Ici le changement de température est accompagné d'un changement, d'une diminution de solubilité.

Fig. 3. — Une lame de zinc précipite le plomb de sa dissolution.

2. Une dissolution de camphre faite dans l'alcool ou dans l'eau-de-vie forme une liqueur claire comme de l'eau, c'est l'alcool camphré; versez-y de l'eau ordinaire, aussitôt une poudre blanche se précipite; le camphre, soluble dans l'alcool, devient insoluble dans l'alcool étendu d'eau.

3. Une lame de zinc plongée dans une dissolution d'azotate ou d'acétate de plomb donne des aiguilles de plomb qui se précipitent. Un clou

plongé dans une dissolution de sulfate de cuivre se couvre immédiatement d'une couche rouge de *cuivre*.

8. **Action sur les sens.** — La plupart des corps exercent sur chacun de nos sens une action spéciale.

Les uns ont une *odeur*, comme le camphre; d'autres sont inodores, comme l'air et l'eau.

Les uns ont une *couleur*, comme le soufre, qui est jaune, le cuivre, qui est rouge, la mine de plomb, qui est noire; d'autres sont transparents et incolores, comme le verre, l'alcool et la benzine; d'autres enfin incolores et opaques, comme la cire, la stéarine et la porcelaine.

Les uns ont une *saveur*, comme le vinaigre et le sel de cuisine; d'autres sont insipides, comme la stéarine, l'eau et l'huile.

Ces diverses propriétés que nous venons d'énumérer fournissent autant de caractères spécifiques des corps, elles sont autant d'articles particuliers de leur étude physique.

9. NATURE DIVERSE DES CORPS. — Les corps ne diffèrent pas seulement par leur état et leurs nombreuses propriétés, ils possèdent encore une nature qui est propre à chacun d'eux.

Sous ce rapport on distingue d'abord les corps *simples* et les corps *composés*[1].

Un corps est dit *simple* lorsqu'on n'a pu jusqu'à ce jour y découvrir d'autre élément : l'étain, le fer, le cuivre, le soufre, sont des corps simples. On connaît actuellement 65 corps simples; mais ils sont loin d'être tous également communs. Les plus importants feront l'objet spécial de ces notions de chimie.

[1] Lucrèce avait-il le pressentiment de cette classification des corps, quand il disait :

> Tout corps, par son essence, ou n'est qu'un élément,
> Ou d'éléments ensemble agrégés se compose?

Un corps est *composé* lorsqu'on peut en extraire plusieurs autres corps, qui sont par suite les éléments dont il est formé.

Expériences. — 1. Le *tain* des glaces est un composé d'étain et de mercure. Chauffez dans un petit tube de verre fermé à une extrémité un peu de tain enlevé à un vieux miroir, l'*étain* fondu formera une petite perle au fond du tube, tandis que le *mercure* se déposera en gouttelettes brillantes sur les parois du tube.

2. Un peu d'oxyde rouge de mercure chauffé dans un autre tube donne du mercure, qui se condense sur les parties froides du tube, et un gaz qui se dégage. Une allumette qui n'a plus qu'un point rouge s'enflamme dans ce tube. Le gaz est de l'*oxygène*, et la poudre rouge qui s'est ainsi décomposée est donc formée de *mercure* et d'oxygène. Le nombre des corps composés est illimité, et par suite inconnu.

Fig. 4. — Décomposition de l'oxyde de mercure.

10. Mélanges et combinaisons. — D'ordinaire, il ne suffit pas de rapprocher ni même de mélanger intimement deux corps pour qu'ils se combinent; car il existe une différence essentielle entre un mélange et une combinaison.

Mélange. — Une pincée de fleur de soufre mêlée avec une pincée de limaille de fer ou de cuivre peut former un mélange intime, sans qu'il y ait pour cela combinaison.

Dans ce mélange, en effet, on *distingue* encore les grains brillants du cuivre de ceux du soufre; on peut aisément *séparer* ces deux corps, par exemple en les jetant dans l'eau et agitant : le cuivre tombe au fond, le soufre reste en suspension; en outre, les proportions de soufre et de cuivre restent arbitraires, et les propriétés du mélange dépendent à la fois de celles des deux corps et de leur proportion.

En un mot, dans un mélange, les corps sont simplement *unis*.

11. Combinaison. — Chauffez ce mélange de cuivre et de soufre dans une petite capsule en métal ou en porcelaine, le soufre fondra, puis s'enflammera; à un moment le cuivre deviendra subitement rouge, puis toute action aura cessé; la capsule ne renfermera plus qu'un corps nouveau, noir et friable, dans lequel le cuivre et le soufre ne peuvent plus être ni distingués ni séparés; le mélange sera désormais si intime, que les deux corps n'en feront plus qu'*un* : il s'est produit une *combinaison*.

Fig. 5. — Combinaison du cuivre et du soufre.

Il est bon de remarquer que si la chaleur détermine souvent la formation de combinaisons, comme nous venons de le constater, à son tour, une combinaison produit d'ordinaire de la chaleur. En voici quelques exemples :

Expériences. — 1. De l'acide sulfurique versé dans l'eau en élève la température; quelques gouttes d'éther contenues dans un tube d'essai et plongées dans l'acide étendu entrent en ébullition; la vapeur d'éther enflammée donne une flamme longue et brillante (fig. 6).

2. Un morceau de potassium jeté sur l'eau fond

aussitôt et s'enflamme en se combinant à l'oxygène contenu dans l'eau (fig. 7).

3. De l'acide azotique versé sur de l'essence de té-

Fig. 6. — La combinaison de l'acide sulfurique avec l'eau fait bouillir l'éther.

Fig. 7. — Combustion du potassium sur l'eau.

rébenthine, qu'on a additionnée de quelques gouttes d'acide sulfurique, donne une flamme et des torrents de fumée.

CHAPITRE II

ÉLÉMENTS DE L'EAU

Oxygène et hydrogène.

I. — Oxygène

12. Préparation de l'oxygène. — *Détails de l'expérience.* On prépare d'ordinaire l'oxygène en chauffant un mélange de chlorate de potasse et de manganèse du commerce (bioxyde de manganèse). Le chlorate de potasse est blanc, cristallisé, comme du sel de cuisine; le manganèse est généralement en poudre noire; s'il était en grain, on le pulvériserait pour cette préparation.

Le mélange se fait en ajoutant une ou deux parties de manganèse, soit 10 à 20 grammes, une partie de chlorate de potasse, soit 10 grammes. Les quantités indiquées donnent près de trois litres d'oxygène; c'est plus qu'il n'en faut pour étudier ses propriétés.

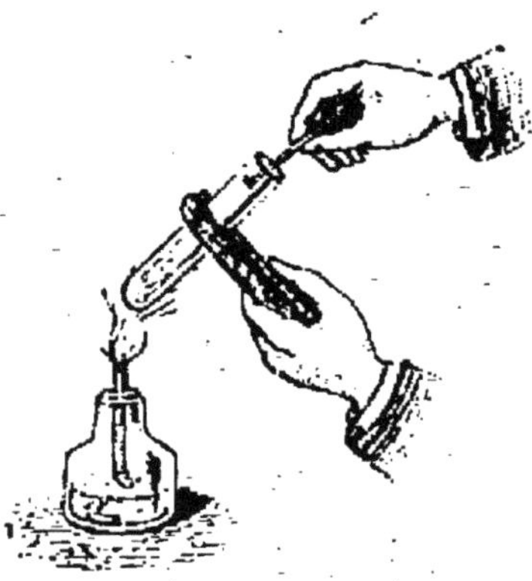

Fig. 8.
Production de l'oxygène.

A titre d'essai, on peut chauffer doucement dans un tube en verre une pincée de ce mélange. On obtient bientôt un gaz qui rallume une allumette presque éteinte (fig. 8).

Pour faire la préparation régulièrement, on intro-

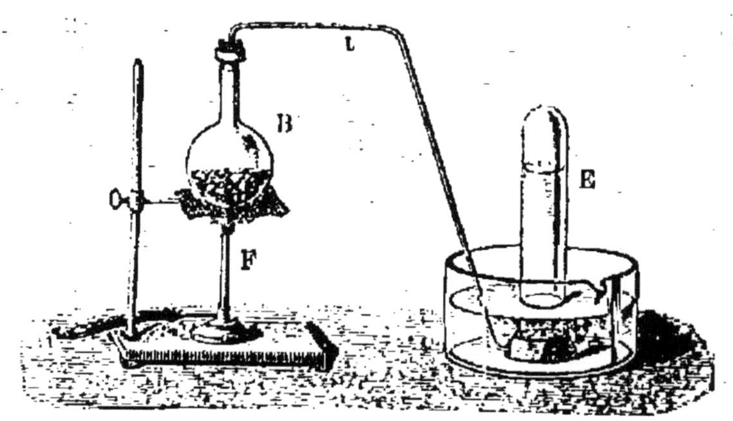

Fig. 9. — Préparation de l'oxygène.

duit le mélange dans un petit ballon B en verre, et l'on adapte le bouchon traversé par le tube abducteur *t* (fig. 9). On chauffe le ballon B à la flamme de l'alcool ou du gaz F, après l'avoir posé sur le support et séparé de la flamme par une toile métallique. Le tube replié, adapté au ballon, plonge dans un bassin rempli d'eau; les bulles de gaz qui se dégagent s'échappent bientôt à travers l'eau.— Pour *recueillir* l'oxygène, on attend que le courant de bulles de gaz soit régulier et assez précipité. A ce moment, on remplit d'eau le flacon ou l'éprouvette E, qui doit servir à recueillir le gaz, et on retourne ce flacon plein d'eau au-dessus du tube de dégagement. Les bulles qui s'élèvent dans ce ballon en chassent l'eau graduellement. Le flacon rempli est remplacé par un autre également plein d'eau.

L'oxygène, gaz peu soluble dans l'eau, peut se conserver sur ce liquide; pour cela on laisse reposer sur le fond d'un verre à moitié plein d'eau l'orifice du flacon à oxygène : il suffit pour les éprouvettes à gaz qu'elles posent sur une soucoupe contenant de l'eau. Ce gaz oxygène se *conserve* indéfiniment sur l'eau, dans les conditions que nous venons d'indiquer.

Quand le dégagement a cessé, on retire *d'abord* de l'eau le tube abducteur *t;* puis, et seulement alors, on retire le feu. Cette dernière précaution doit toujours être prise chaque fois qu'on a terminé une préparation qui se fait à chaud.

Explication. — On rend suffisamment compte de la production du gaz oxygène dans les conditions où se fait l'expérience, en admettant que le chlorate de potasse seul se décompose et que l'oxyde de manganèse favorise le dégagement. Les résultats sont indiqués dans le tableau suivant.

AVANT L'EXPÉRIENCE		APRÈS L'EXPÉRIENCE
Chlorate de potasse.	Oxygène.	Oxygène qui se dégage.
	Chlore. Potassium.	Chlorure de potassium qui reste dans le ballon.

13. Propriétés physiques. — Le gaz oxygène est incolore, inodore, sans saveur, peu soluble dans l'eau, puisqu'il se conserve sur l'eau; sa densité 1,105 est peu supérieure à celle de l'air.

Propriétés chimiques. — Un mot résume le caractère de ce gaz : l'oxygène favorise les combustions; c'est donc un gaz *comburant*. Toutefois les combustions qu'il provoque se font dans des circonstances fort différentes : les unes sont *vives* et brillantes, les autres sont *lentes* et sans éclat.

Les expériences qui suivent vont nous permettre de reconnaître cette double propriété chimique de l'oxygène.

14. I. Combustions vives. — *Expériences.* — Pour

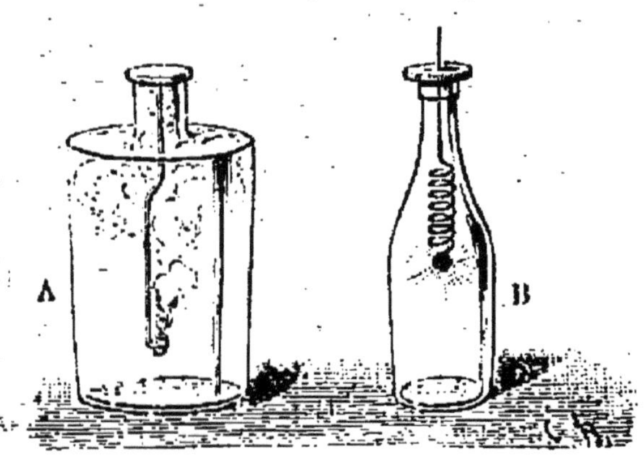

Fig. 10. — Combustions vives.

les expériences de combustion, il est bon d'employer de petites capsules de cuivre (fig. 10, A) soudées ou suspendues à un fil de fer. Le charbon, le soufre, le phosphore, le camphre qu'on veut faire brûler se placent dans cette capsule, et, après qu'on y a mis le feu, on plonge ces corps dans les flacons pleins d'oxygène.

1. Un morceau de *charbon* de bois, une braise ayant un point rouge, s'enflamment dès qu'on les

plonge dans l'oxygène. Cette combustion toujours facile fournit un bon moyen de reconnaître l'oxygène. On *reconnaît*, en effet, ce gaz à ce qu'il rallume une mèche ou une allumette qui n'a plus qu'un point rouge.

2. Le *soufre* ou une allumette soufrée donnent dans l'oxygène une belle flamme bleue. Après l'expérience le flacon sera bouché, si l'on veut essayer ensuite la nature du composé qui s'est formé.

3. Le *phosphore*, qu'il faut aussi enflammer, brûle dans l'oxygène avec un vif éclat; il se produit en même temps des fumées blanches qui sont suffocantes.

4. Le *fer* brûle aussi dans l'oxygène. On choisit pour cela un fil de fer fin et brillant, on le tourne en spirale, et l'on attache à une de ses extrémités un morceau d'amadou qu'on allume à une bougie. Le fil de fer est aussitôt plongé dans l'oxygène, on prend pour cela un flacon d'un demi-litre environ, et on y laisse au fond un peu d'eau (fig. 10, B). L'amadou brûle, le fer rougit et fond, une goutte de fer fondu se détache du fil, puis l'incandescence du fil se reproduit.

15. *Résultats.* — Les produits de combustion du charbon, du soufre et du phosphore, sont *plus lourds* que l'air : ils restent quelque temps dans les flacons laissés ouverts où ils se sont formés.

Tous trois sont des *acides*, car la teinture de tournesol, qui est violette, rougit quand on en verse un peu dans chacun des flacons : ce qui est un caractère des acides. Lavoisier a, pour cette raison, donné au gaz qui les produit le nom d'*oxygène* ou formateur d'acides.

16. II. Combustions lentes. — L'oxygène pur ou celui qui est répandu dans l'air détermine souvent des combustions ou plutôt des combinaisons qui n'ont pas l'éclat des phénomènes précédents, mais donnent les mêmes résultats.

Le fer laissé à l'humidité se couvre de rouille; cette rouille est comme le fer brûlé dans l'oxygène, une combinaison de fer et d'oxygène : c'est donc un *oxyde* de fer. D'autres fois cette combustion, qui se fait graduellement et non subitement, sans lumière comme sans chaleur sensible, donne des *acides*.

Expériences.—1. Un morceau de phosphore humide laissé à l'air dans une soucoupe répand des vapeurs et finit par se consumer : l'oxygène de l'air le brûle lentement. La teinture de tournesol versée dans la soucoupe devient rouge; le phosphore brûlé lentement à l'air donne donc encore un acide.

2. De l'étain ou du plomb que l'on fait fondre à l'air dans une capsule de fer se couvrent d'une crasse, qui est une couche d'oxyde. Enlevez cet oxyde avec une carte de visite, il s'en reformera; vous pourrez ainsi transformer tout le métal en oxyde, par suite d'une combustion lente.

II. — HYDROGÈNE

17. PRÉPARATION. *Expériences.* — 1. Si l'on veut se contenter de *produire* de l'hydrogène et de l'enflammer sans le recueillir, il n'est pas de préparation plus simple que celle-ci. On jette, à cet effet, quelques morceaux de zinc dans un bocal ou dans un verre à boire, on les recouvre d'eau, et on ajoute un peu d'acide chlorhydrique (fig. 11). Aussitôt des bulles de gaz se produisent et se dégagent, avec une sorte d'ébullition. C'est l'hydrogène qui s'échappe. Une allumette approchée de l'orifice du vase donne la flamme pâle du gaz hydrogène.

Fig. 11. — Formation et production de l'hydrogène.

2. S'il faut, au contraire, à la fois *préparer* et *recueillir* l'hydrogène, on peut adopter la disposition suivante.

(*a*) *Avant de produire le gaz*, on dispose le flacon à hydrogène; on prend un bocal ou flacon à large ouverture, dont le goulot peut recevoir un bouchon percé de deux trous (fig. 12). On remplit le flacon à moitié avec des morceaux de zinc. On recouvre le zinc avec de l'eau ordinaire. On adapte le bouchon, qui porte les deux tubes : l'un, qui est droit, descend dans l'eau du flacon; l'autre, qui est coudé à angle droit, s'adapte à l'aide d'un caoutchouc à un tube de dégagement. L'extrémité de ce dernier tube plonge dans l'eau d'un bassin (fig. 13).

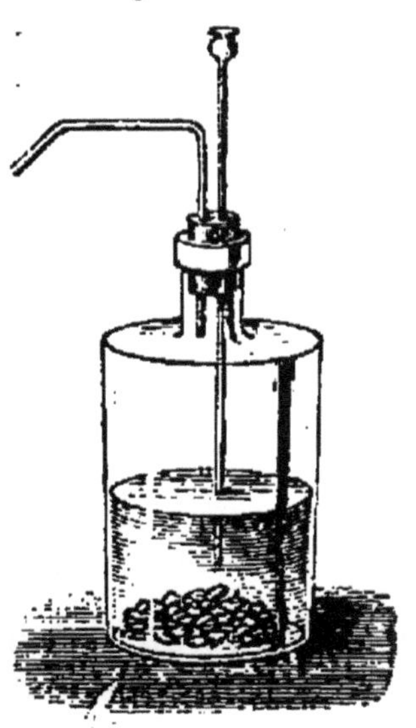

Fig. 12. — Flacon pour préparer l'hydrogène.

(*b*) *Au moment de préparer le gaz*, on verse de l'acide chlorhydrique par le long tube droit, en s'aidant d'un petit entonnoir en fer-blanc ou en verre. Il suffit de verser huit fois moins d'acide qu'il n'y a d'eau dans le flacon.

On ne doit recueillir le gaz qu'après quelques minutes, encore est-il prudent de s'assurer avec une mèche allumée que les bulles qui crèvent à la surface de l'eau s'enflamment sans détonner.

(*c*) *Pour recueillir le gaz*, on prend des flacons ordinaires à large ouverture, et on les remplit d'eau complètement (fig. 13); fermant l'ouverture du flacon avec la paume de la main gauche, on saisit le flacon de la main droite. On renverse dans l'eau du bassin le flacon fermé avec la main gauche. On retire cette main, le flacon doit rester plein d'eau. On transporte le flacon à la surface de l'eau, en ayant soin de maintenir son orifice dans l'eau. On place alors le tube de dégagement en dessous du flacon. Les bulles de gaz sorties de l'appareil montent dans le flacon, et en déplacent l'eau. Le flacon est plein de gaz lorsque les bulles sortent sur le côté du goulot.

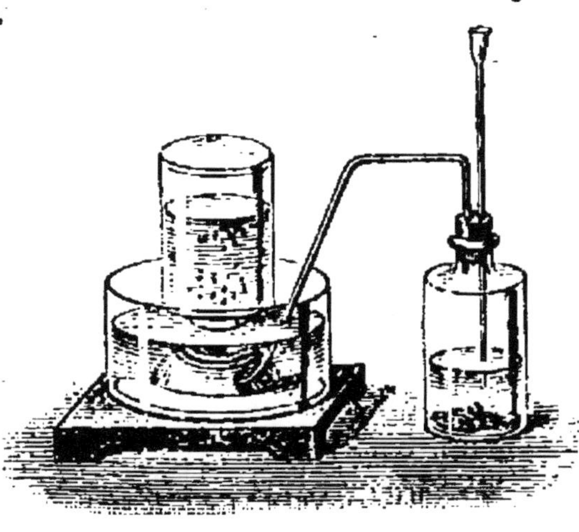

Fig. 18.
Appareil pour préparer l'hydrogène.

(*d*) *Pour utiliser le gaz*, on le *conserve* en dehors du bassin; on fait passer une soucoupe en dessous de l'ouverture du flacon. On maintient le flacon sur la soucoupe, tandis qu'on la retire de l'eau; son ouverture doit baigner dans l'eau que contient la soucoupe.

Les manipulations dont nous venons de donner tout le détail sont toujours les mêmes : elles doivent être suivies à la lettre chaque fois que l'on veut recueillir un gaz. Désormais nous les supposerons connues et toujours rigoureusement observées dans l'étude que nous ferons des autres gaz.

Explication. — Le tableau suivant rend compte de la préparation de l'hydrogène.

AVANT L'EXPÉRIENCE	APRÈS L'EXPÉRIENCE	
Acide chlorhydrique.	Hydrogène, gaz qui se dégage.	
	Chlore.	Chlorure de zinc, sel qui se dissout dans l'eau du flacon.
Zinc.		

18. Propriétés physiques de l'hydrogène. — 1. Le gaz hydrogène pur est *inodore*, mais le mode de préparation rapide que nous venons d'indiquer donne un gaz odorant.

Ce gaz est, de plus, *incolore* comme l'air; il est *insoluble* dans l'eau, puisqu'il se conserve indéfiniment sur l'eau.

2. *Densité.* — La densité de l'hydrogène est 0,069; elle est *quatorze* fois plus faible que celle de l'air, seize fois plus faible que celle de l'oxygène. C'est même le corps le plus léger qui existe; en raison de cette propriété, ce gaz tend toujours à monter, comme la fumée, comme la vapeur, comme l'air chaud de nos foyers.

Expériences. — 1. La faible densité de l'hydrogène

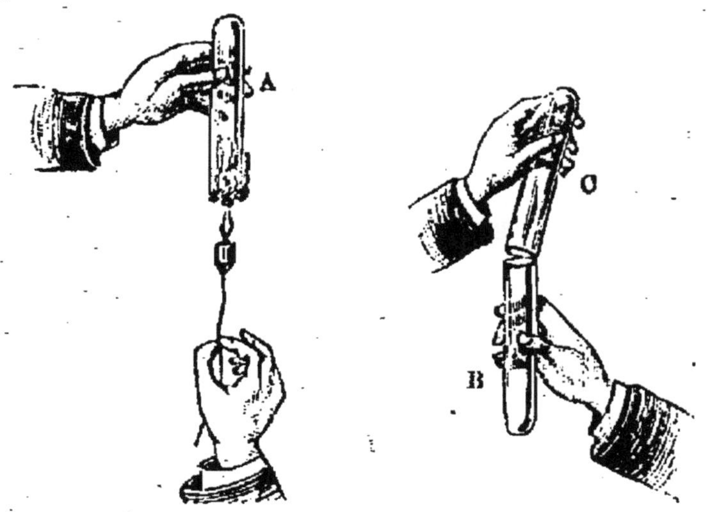

Fig. 14. — Faible densité de l'hydrogène.

permet de *transporter* une éprouvette pleine de ce gaz en tenant l'ouverture en bas (fig. 14, A). Approche-t-on une allumette de cet orifice, le gaz s'enflamme.

2. On peut encore *transvaser* l'hydrogène. On prend,

pour le montrer, deux éprouvettes de même dimension, l'une C pleine d'air, l'autre B pleine d'hydrogène. Tenant la première de la main gauche, on *relève* l'orifice de la seconde B jusqu'à ce qu'il s'adapte, bord contre bord, à l'orifice maintenu en bas de l'éprouvette C pleine d'air. Si maintenant on approche une flamme de chacune des éprouvettes, on constate que l'éprouvette à air donne une forte détonation et une flamme d'hydrogène, tandis que l'autre produit à peine une légère détonation. Ces deux phénomènes prouvent que l'hydrogène s'est élevé d'une éprouvette dans l'autre en chassant l'air, du moins partiellement.

Fig. 15. — L'hydrogène traverse le papier.

3. L'hydrogène *traverse* le papier. On couvre avec une feuille de papier l'ouverture d'une éprouvette tenue en bas, puis on relève cette ouverture pour en approcher une mèche enflammée (fig. 15). L'hydrogène commence à brûler au-dessus du papier, le papier flambe à son tour, puis survient une petite détonation. Cette faible densité de l'hydrogène a permis de se servir de ce gaz pour gonfler les ballons.

PROPRIÉTÉS CHIMIQUES

L'hydrogène est un gaz *combustible*.

19. *L'hydrogène brûle.* — 1. On peut enflammer l'hydrogène à l'orifice d'une *éprouvette* tenue en bas. Si on relève ensuite l'orifice, on voit la flamme s'allonger; mais l'hydrogène n'est pas *comburant* (fig. 13): une allumette enfoncée dans l'éprouvette d'hydrogène s'y éteint.

On peut encore enflammer le gaz au bout du tube de dégagement de l'appareil où il se produit, pourvu que l'on attende *quelques minutes* après l'apparition des *premières* bulles de gaz, afin d'éviter des détonations accompagnées d'explosions.

2. *L'hydrogène donne de l'eau en brûlant.* — On recueille quelques gouttes d'eau en plaçant un verre à boire ou une soucoupe sèche contre la flamme

Fig. 16. — La flamme de l'hydrogène donne de l'eau.

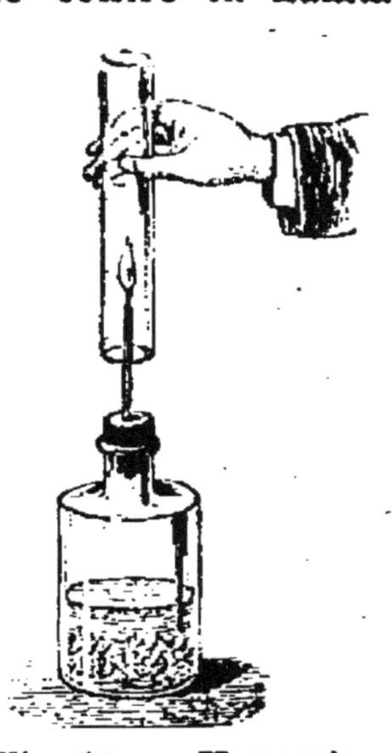

Fig. 17. — Harmonica chimique.

de l'hydrogène, qu'on a allumé au bout du tube abducteur (fig. 16).

3. L'hydrogène, en brûlant, produit une *lumière faible* et une *forte chaleur*.

Il est préférable, pour faire ce nouvel essai, de remplacer le tube coudé de l'appareil à hydrogène par un tube droit, effilé à sa partie supérieure (fig. 17). On allume le jet de gaz après avoir pris les précautions ordinaires, on obtient ainsi une flamme plus ou moins longue.

Un fil de fer ou de cuivre, la pointe d'une aiguille

ou d'une épingle rougissent aussitôt dans cette flamme. En même temps la flamme, pâle jusque-là, prend un peu d'éclat.

4. La combustion complète de l'hydrogène donne une *détonation*.

On remplit aux deux tiers d'hydrogène un flacon à ouverture étroite, et on achève de le remplir avec de l'oxygène, puis on enveloppe le flacon d'un linge, on ferme son orifice avec le pouce, et on l'ouvre à proximité d'une bougie. Une flamme jaillit, une bruyante détonation se produit, et la bougie est soufflée.

Si l'on engage la flamme de l'hydrogène brûlant à l'extrémité d'un tube droit dans un long tube de verre ou de carton ouvert aux deux bouts (fig. 17), la flamme chante, pourvu du moins qu'elle ne soit pas trop longue. On entend alors l'*harmonica chimique*.

CHAPITRE III

L'EAU

Propriétés physiques et caractères chimiques de l'eau.

I. — Propriétés physiques de l'eau

20. L'étude des propriétés physiques de l'eau se résume dans ses divers changements d'état et dans son pouvoir dissolvant.

Trois états de l'eau. — La nature nous présente en tout temps de l'eau sous trois états différents : elle est *solide* dans la neige et dans la glace qui s'accumulent sur le sommet des hautes montagnes;

liquide dans les fleuves et les mers; en *vapeur* dans l'air que nous respirons.

État solide. — 1. *Glace.* On peut toujours obtenir avec un mélange réfrigérant assez de glace pour en étudier les propriétés.

Expérience. — Versez dans un verre 80 grammes de sulfate de soude en poudre et 25 grammes d'acide chlorhydrique. Agitez le mélange à l'aide d'un petit tube en verre qui contient quelques gouttes d'eau, vous voyez bientôt la glace se former sur les parois du tube : l'eau s'est solidifiée dans ce mélange réfrigérant (fig. 18).

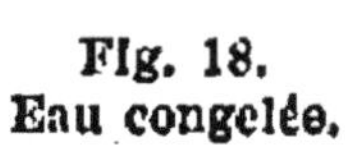

Fig. 18. Eau congelée.

Un morceau de cette glace jeté sur l'eau surnage, la glace est donc plus légère que ce liquide; elle flotte même sur l'eau bouillante. Un litre d'eau pèse 1 kilogr. à 4°; un litre de glace ne pèse que 930 grammes à 0°.

21. ÉTAT GAZEUX. — 2. L'ébullition de l'eau la réduit en vapeur; sous cet état, l'eau possède une faible densité, puisqu'elle s'élève dans l'air ($d=0,622$) et une grande force d'expansion, comme le prouve l'expérience suivante.

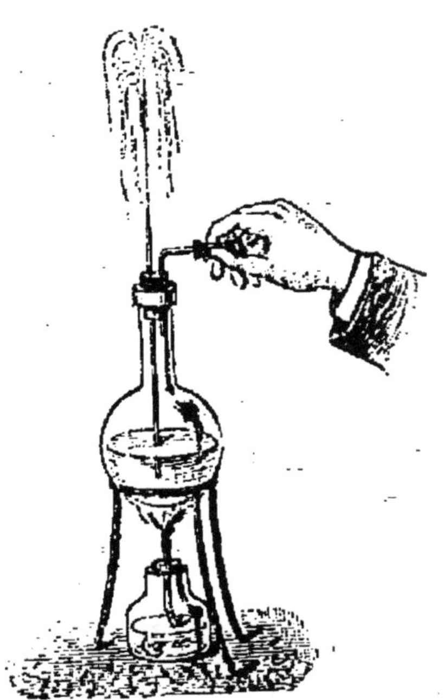

Fig. 19. — Jet d'eau chaude.

Expérience.—On adapte au bouchon d'un ballon à moitié plein d'eau un tube droit effilé qui plonge dans l'eau et un tube coudé terminé par un tube de caoutchouc (fig. 19). On fait bouillir l'eau, et quand la vapeur s'échappe par le caoutchouc, on pince ce tube. La vapeur qui continue à se former fait pression sur l'eau bouillante et en lance, par le tube droit, un jet continu qui peut s'élever jusqu'au plafond de la classe.

22. ÉTAT LIQUIDE. — 3. A la pression ordinaire du baromètre, l'eau reste liquide entre les températures de 0° et de 100°. Toutefois elle ne garde pas toujours le même poids ; elle est plus légère, en général, à mesure qu'elle est chauffée ; on sait que c'est à 4° qu'un litre d'eau présente son plus grand poids, qui est par définition un kilogramme.

23. POUVOIR DISSOLVANT DE L'EAU. — L'eau est le dissolvant le plus commun, le plus général, et à cause de cela le plus fréquemment employé. Ce liquide peut dissoudre des *gaz*, comme l'air ; des *liquides*, tels que l'alcool ; des *solides*, comme le sucre et le sel (6).

Dissolution des gaz dans l'eau. — Pour montrer

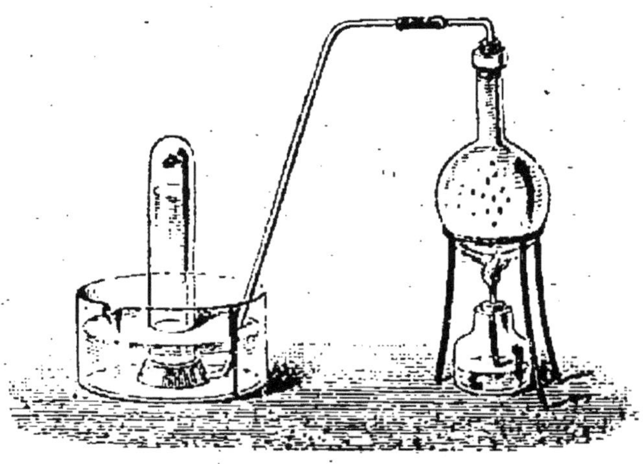

Fig. 20. — L'eau est aérée.

que l'eau ordinaire est aérée et que, par suite, elle dissout des gaz, on fait bouillir de l'eau dans un ballon complètement rempli (fig. 20). Les gaz dissous se dégagent à l'ébullition et se rendent par un tube abducteur sous un flacon ou une éprouvette primitivement pleine d'eau. On trouve par cette expérience qu'un litre d'eau de pluie donne de 20 à 30 centimètres cubes de gaz, soit environ $\frac{1}{40}$ de son volume. C'est bien peu, semble-t-il, et toutefois cette faible provision d'air suffit à entretenir la vie de tous les animaux à sang froid qui vivent et respirent dans l'eau.

24. Dissolution des liquides dans l'eau. — Il y a des liquides tels que l'alcool, le vinaigre, l'éther, qui se mêlent à l'eau; d'autres au contraire ne se mélangent pas avec l'eau : ainsi le pétrole, l'huile, l'essence de térébenthine surnagent, tandis que le sulfure de carbone se tient au fond du vase.

25. Dissolution des solides dans l'eau. — L'eau ordinaire contient souvent des corps solides qu'elle a retenus en dissolution en traversant certaines couches de terrain.

Expériences. — 1. De l'eau ordinaire qu'on fait bouillir dans un ballon ou dans tout autre vase propre

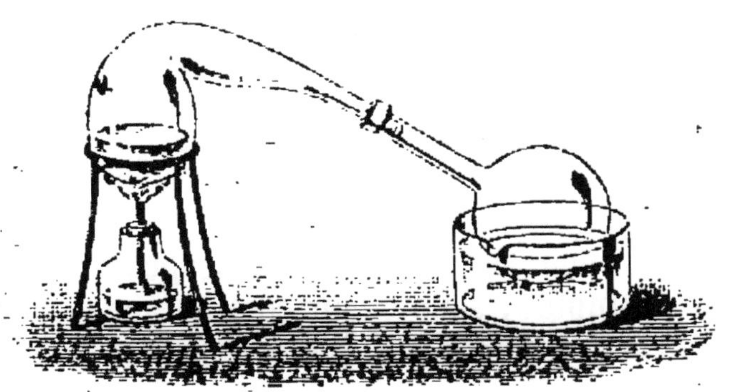

Fig. 21. — Distillation de l'eau.

se trouble souvent durant l'ébullition, et les parois du vase se recouvrent d'une couche blanche du corps solide que l'eau contenait. C'est ordinairement du carbonate de chaux.

2. Ces dépôts formés au fond des ustensiles de cuisine ou des chaudières et des générateurs font effervescence lorsqu'on les met dans un verre d'eau et qu'on ajoute un peu de vinaigre ou tout autre acide.

3. L'eau la plus trouble se purifie par *distillation*. Cette opération se fait en grand dans des alambics en cuivre. On peut aussi se servir d'une cornue en verre, dans laquelle on verse l'eau, et d'un grand ballon dans lequel s'engage le col de la cornue (fig. 21). La vapeur formée dans la cornue se condense dans le ballon et donne de l'eau distillée et épurée, qui peut être évaporée sans résidu.

26. Eaux potables. — Toutes les eaux ne sont pas également bonnes. Nous ne trouvons pas en tous lieux l'eau qui a les qualités nécessaires pour préparer les aliments, laver le linge, et pourvoir aux autres soins de propreté. L'eau, pour servir aux usages domestiques, doit en effet être propre aux différents usages que nous venons de mentionner.

Les eaux *salées* ou saumâtres de la mer et de certains étangs ne peuvent servir ni pour boire ni pour lessiver, en raison des corps étrangers qu'elles tiennent en dissolution. On ne pourrait davantage employer les eaux *crues* ou *séléniteuses*, qui contiennent du plâtre, ou encore certaines eaux minérales qui jouissent de propriétés spéciales.

Une eau, pour être propre aux usages domestiques, doit être limpide, sans odeur comme sans couleur et sans saveur spéciale. D'ailleurs il faut qu'elle soit aérée pour n'être pas trop lourde et aussi qu'elle ne donne pas, à l'ébullition, de dépôts trop abondants.

Dans ces conditions, l'eau potable se digérera mieux, cuira les légumes sans les durcir, et, employée pour la lessive, elle dissoudra le savon sans donner de grumeaux. L'eau de *pluie*, qui est de l'eau distillée condensée par les nuages, convient fort bien pour faire la lessive; elle peut également servir de boisson, après toutefois qu'elle a dissous un peu d'air.

Expérience. — Mettez un peu de savon blanc à dissoudre dans l'eau de pluie ou dans l'*alcool*. Cette eau de savon versée dans l'eau ordinaire, dans l'eau de chaux ou dans l'eau de plâtre, donne des précipités d'autant plus volumineux, que ces eaux contiennent plus de chaux.

II. — Propriétés chimiques de l'eau

27. L'eau n'est pas un corps simple, cet élément prétendu des anciens contient deux corps également nécessaires à sa constitution, et ces deux corps sont, comme nous allons le constater, l'hydrogène et l'oxygène. Ces deux gaz, que nous avons étudiés séparément, s'unissent donc pour former de l'eau. Afin d'établir un fait aussi curieux, nous donnerons deux sortes de preuves; nous montrerons d'abord que l'eau se décompose en oxygène et en hydrogène : c'est l'*analyse* de l'eau. Nous prouverons ensuite que les deux gaz se combinent pour donner de l'eau; c'est la *synthèse* de l'eau.

Analyse de l'eau

28. Voltamètre. *Expérience.* — Cet appareil est un entonnoir dont le fond bouché laisse passer deux fils de platine. On le remplit d'eau acidulée ou salée, et on fait communiquer les fils avec une pile électrique en activité (fig. 22). On voit bientôt de petites bulles de gaz se grouper autour des fils de platine; de petits tubes à essais, également remplis d'eau salée et placés au-dessus de chacun des fils,

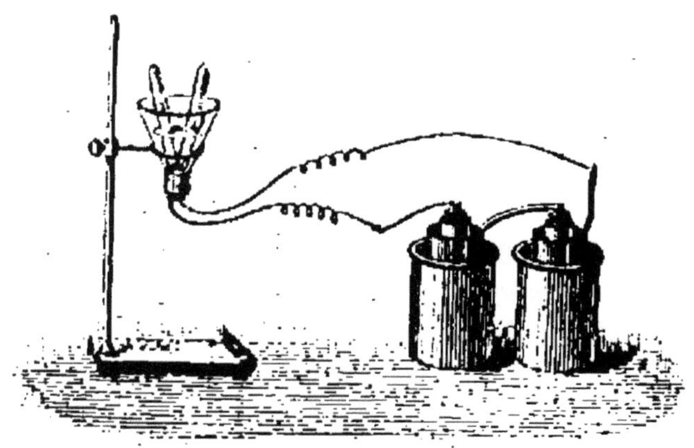

Fig. 22. — Décomposition de l'eau par la pile.

permettent de recueillir ces gaz pour en observer les propriétés.

Après quelque temps, un des deux tubes servant d'éprouvette est rempli de gaz, tandis que l'autre n'est encore qu'à moitié plein. Ces deux volumes inégaux de gaz suffisent pour en reconnaître les propriétés spéciales. Une allumette enflammée approchée de l'ouverture du tube plein de gaz donne une flamme pâle, c'est de l'*hydrogène* qui brûle (fig. 19); une allumette qui n'a plus qu'un point rouge engagé dans l'orifice du second tube se rallume avec une flamme vive : c'est de l'*oxygène* qui active la combustion (fig. 14).

Conclusions. — Ces essais nous permettent d'établir les conclusions suivantes :

1. L'eau donne, en se décomposant, de l'oxygène et de l'hydrogène.

2. Ces deux gaz sont isolés dans le voltamètre par l'électricité.

3. Le volume de l'hydrogène est double de celui de l'oxygène.

SYNTHÈSE DE L'EAU.

29. Son objet. — On peut faire de l'eau pure en combinant directement l'oxygène et l'hydrogène. L'étincelle électrique sert d'ordinaire à produire cette combinaison ou *synthèse*. — Plusieurs chimistes ont fait de l'eau en recourant à ce procédé. Lavoisier en a obtenu 160 grammes, et Vauquelin 400, dans une opération. En 1843, Dumas obtint plus d'un kilogramme d'eau par une autre méthode de synthèse.

Expériences. — Nous emploierons des procédés plus simples pour réaliser cette synthèse.

1. La flamme de l'hydrogène contre laquelle on place une soucoupe donne, comme nous l'avons déjà vérifié (19,2), des gouttes d'eau.

2. D'ailleurs le gaz *de l'éclairage* et *l'alcool*, qui contiennent de l'hydrogène, donnent pareillement de l'eau en brûlant : une soucoupe mise au-dessus de la flamme du gaz ou de l'alcool se recouvre aussitôt d'une buée d'eau condensée.

3. Un mélange d'oxygène et d'hydrogène détonne à l'approche d'une flamme (19,4).

Nous avons déjà constaté que cette combustion forme de l'eau. On a, de plus, reconnu que la vapeur d'eau obtenue ne représente que les $^2/_3$ du *volume* des gaz mélangés. Ainsi un litre d'oxygène et deux litres d'hydrogène ne donnent que deux litres de *vapeur* d'eau. Il y a donc contraction.

30. Composition en poids. — Si, au lieu des volumes, on évalue les *poids* des gaz qui se combinent, on trouve qu'il faut mélanger et brûler 8 grammes d'oxygène et 1 gramme d'hydrogène pour obtenir 9 grammes d'eau. Ainsi les deux volumes d'hydrogène nécessaires pour faire de l'eau pèsent encore 8 fois moins que le volume d'oxygène; un volume d'hy-

drogène pèse donc 16 fois moins que le même volume d'oxygène. Il faut donc conclure de ces relations que l'hydrogène est 16 fois plus léger que l'oxygène (18,2).

Le tableau suivant résume ces résultats d'expériences.

	HYDROGÈNE	OXYGÈNE	VAPEUR D'EAU
VOLUME	2 vol.	1 vol.	2 vol.
POIDS	1 gr.	8 gr.	9 gr.

Conclusion. — L'eau pure est formée d'hydrogène et d'oxygène dans la proportion de 1 gramme du premier pour 8 du second, et elle ne renferme d'ailleurs que ces deux gaz.

CHAPITRE IV

L'AIR ET SES ÉLÉMENTS

Azote. — Propriétés physiques et chimiques de l'air.

AZOTE

31. PRÉPARATION. — La préparation de l'azote est des plus simples; pour obtenir ce gaz, on place un grain de phosphore sur un morceau de bois ou de liège qui flotte sur l'eau d'un bassin. On recouvre ce flotteur d'un bocal à large ouverture ou d'une cloche (fig. 23); aussitôt, après avoir toutefois enflammé le phosphore, d'abondantes vapeurs blanches se pro-

duisent, à travers lesquelles on voit s'éteindre peu à peu la flamme du phosphore. On maintient le bocal avec la main, et lorsque l'atmosphère est redevenue transparente, il ne reste plus dans le bocal que de l'azote : l'eau a monté pour occuper la place de l'oxygène disparu.

Fig. 23. Préparation de l'azote.

32. Propriétés. — L'azote est un peu plus léger que l'air; il est d'ailleurs, comme lui, incolore et inodore. Son caractère chimique le plus important est d'être impropre à entretenir la respiration et la combustion. C'est d'ailleurs un gaz qui ne se combine guère directement avec aucun autre corps.

Expériences. — Afin d'observer un plus grand nombre de propriétés de l'azote, il est commode de faire passer dans plusieurs éprouvettes préalablement remplies d'eau le gaz contenu dans le bocal.

1. Une allumette plongée dans une première éprouvette s'y éteint aussitôt. L'azote n'entretient donc pas la combustion.

2. De l'eau de chaux versée dans une deuxième éprouvette ne donne pas de précipité et, par ce caractère, ce gaz se distingue de l'acide carbonique.

3. Un oiseau placé sous une cloche pleine d'azote y meurt asphyxié; l'azote n'est pourtant pas un poison, puisque l'air que nous respirons contient $^4/_5$ d'azote.

33. Conclusion. — Les propriétés de l'azote sont donc contraires à celles de l'oxygène. Celui-ci entretient la combustion et la vie, l'autre éteint et asphyxie. Toutefois l'oxygène pur nous tuerait, comme

l'azote pur, mais ces deux gaz sagement mélangés corrigent mutuellement leurs propriétés. Dieu, qui a fait de ce mélange l'atmosphère que nous respirons, a assuré de toutes manières la fixité de ses proportions. L'air a, en effet, partout la même composition, sur terre et sur mer, dans les vallées, comme sur la cime des plus hautes montagnes.

AIR

34. I. PROPRIÉTÉS PHYSIQUES DE L'AIR. — L'air est *pesant.* — Sans doute ce gaz est beaucoup moins pesant que l'eau, car un litre d'air ne pèse que 1gr 3, tandis qu'un litre d'eau pèse 1 kil. L'eau est donc 770 fois plus lourde que l'air; mais, si peu que ce soit, l'air pèse toujours. Nous venons de voir qu'il faudrait 770 litres d'air ou les $^3/_4$ d'un mètre cube pour faire équilibre à un litre d'eau. Néanmoins, comme nous l'avons prouvé en physique[1], on peut encore reconnaître, même avec une balance ordinaire, le poids d'un litre d'air, et d'ailleurs la colonne de mercure d'un baromètre ne se soulève que sous la pression de l'air qui nous entoure.

35. II. PROPRIÉTÉS CHIMIQUES. — Les propriétés principales de l'air se résument dans ce double fait.

1. L'air est un *mélange* d'oxygène et d'azote.

2. L'air est l'agent principal de la *combustion* et de la respiration.

36. 1. **Analyse de l'air.** — L'air contient de l'oxygène et de l'azote : 100 litres d'air contiennent environ 80 litres d'azote et 20 d'oxygène.

Expériences. — La méthode d'analyse la plus

[1] V. *Physique expérimentale et pratique* du même auteur, p. 72, n° 63.

simple consiste à absorber, à froid, l'oxygène de l'air par le phosphore (16). Un morceau de phosphore est fixé à un fil de fer assez gros et introduit dans une longue éprouvette pleine d'air et reposant sur l'eau. On fait en sorte que le niveau de l'eau soit plus élevé dans l'éprouvette que dans le vase où elle se dresse, et on colle une bande de papier pour indiquer le volume primitif de l'air. Après un jour, on voit que l'eau a monté. On peut ainsi comparer le volume de l'azote qui reste à celui de l'air sur lequel on a expérimenté. La différence des volumes d'air et d'azote donne le volume de l'oxygène absorbé par le phosphore. On trouve ainsi que dans l'air il y a $^1/_5$ d'oxygène et $^4/_5$ d'azote; plus exactement 100 centimètres cubes d'air contiennent 21 centimètres cubes d'oxygène et 79 d'azote.

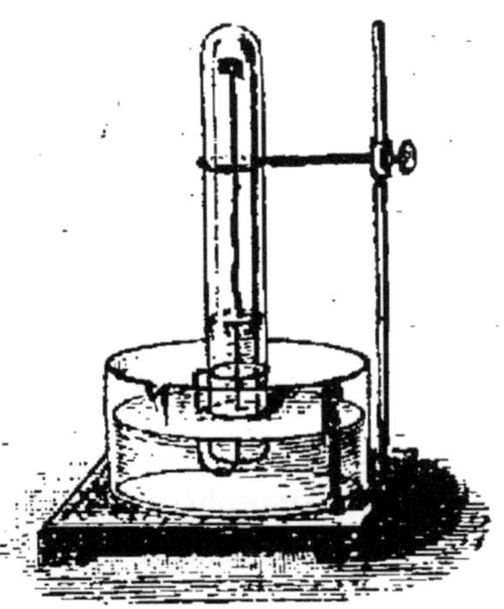

Fig. 24. — Analyse de l'air.

L'air contient, en outre, un peu d'acide *carbonique* et des quantités variables de *miasmes* et de *vapeur* d'eau.

37. 2. **Rôle chimique de l'air.** — L'air est nécessaire à la respiration des animaux et à la combustion des sources de chaleur et de lumière.

Conditions de combustion et de respiration. — Une bougie qui brûle, un oiseau qui respire ne peuvent se passer d'air.

Expériences. — 1. Placez sous une cloche bien fermée une bougie ou un oiseau. Après quelques instants la bougie s'éteint, après un quart d'heure ou moins encore l'oiseau périt asphyxié (fig. 25). C'est pour cette raison que l'hygiène veut que l'on renouvelle fréquemment l'atmosphère des classes. Rien n'est plus funeste à la santé qu'un air renfermé ou confiné, parce qu'il est chargé de miasmes et d'acide carbonique, et pauvre en oxygène.

Fig. 25. — La combustion cesse dans une atmosphère limitée.

2. Enflammez du pétrole versé dans une soucoupe; il vous suffira de la recouvrir avec une assiette pour en éteindre la flamme, si grande qu'elle soit.

38. *Effets produits par la combustion et la respiration.* — Nous continuerons d'étudier en même temps ces deux phénomènes, parce qu'ils sont de tout point comparables :

1. *L'oxygène de l'air disparaît* pendant les phénomènes de combustion ou de respiration. Toutefois cette disparition d'oxygène se vérifie d'une façon plus simple et plus rapide avec une bougie ou une flamme qu'avec un animal, parce que la combustion est plus vive dans une bougie, plus lente chez un animal.

Expériences. — On jette dans un bocal un morceau de papier enflammé, et on en ferme aussitôt l'ouverture avec la main. Le vide se fait, la bouteille tient fortement collée contre la main, si énergiquement même, qu'elle reste attachée quand on soulève la main. — D'ailleurs, dans la préparation de l'azote, nous avons vu l'eau monter dans le bocal par suite de l'absorption de l'oxygène (31). — L'eau monte encore dans une carafe que l'on a retournée de manière à y introduire une bougie qui brûle sur l'eau.

2. *L'acide carbonique* se dégage autour d'une bougie qui brûle ou d'un animal qui respire.

Expériences. — (*a*) Introduisez à plusieurs reprises une mèche allumée dans un flacon où vous avez versé quelques gouttes d'eau de chaux, et à chaque fois que la flamme s'éteindra dans la bouteille bouchée, rallumez-la pour la plonger de nouveau. Puis agitez le flacon; l'eau blanchira d'après une propriété de l'acide carbonique de blanchir l'eau de chaux.

(*b*) Soufflez, dans un verre contenant de l'eau de chaux, de l'air des poumons. Après quelques instants, l'eau blanchira (fig. 26); nouvelle preuve que la respiration dégage de l'acide carbonique, comme la combustion du charbon.

Fig. 26. — Acide carbonique formé dans la respiration.

3. *De la vapeur d'eau* se forme aussi d'ordinaire dans ces deux phénomènes. L'air des poumons soufflé sur une vitre ou sur un miroir donne, en tout temps, un voile de vapeur condensée; mais cette vapeur paraît plus abondante par un temps humide.

De leur côté, les flammes d'une bougie, du gaz, de l'alcool surtout, donnent, sur les parois du verre propre dont on les recouvre, une buée de vapeur.

39. Conclusion. — Dans l'air, l'oxygène et l'azote restent en présence sans se combiner; ces deux gaz sont simplement mélangés en quantités bien inégales; chacun d'eux conserve dans la respiration, comme dans la combustion, ses propriétés spéciales; l'un active, l'autre ralentit ces phénomènes de respiration et de combustion.

CHAPITRE V

Principes de nomenclature chimique : Acides. — Bases. — Sels.

40. Son but. — Toute science doit avoir sa langue spéciale. Celle de la chimie n'est peut-être pas élégante, mais elle est du moins claire et concise. Elle lui suffit, d'ailleurs, pour désigner tous les corps simples ou composés.

La nomenclature chimique enseigne à former les noms des corps composés d'après leurs éléments et leurs propriétés. Elle répond donc à la numération parlée, qui est le premier chapitre de l'arithmétique.

Il y a 65 corps *simples*, dont les noms s'apprennent par l'usage. La chimie conserve au fer, au cuivre et aux autres métaux leur nom usuel ; elle en impose de nouveaux aux nouveaux corps que découvre la science.

En se combinant par 2 ou par 3, les corps forment différentes sortes de composés : des acides, des oxydes ou bases, et des sels ; nous allons les passer en revue.

41. 1. Acides. — *Définition*. — Un acide est un composé qui rougit la teinture de tournesol. Cette teinture s'obtient en faisant dissoudre dans l'eau de petites pierres bleues[1] analogues à celles qui servent à azurer le linge.

L'acide sulfurique jouit des propriétés des acides,

[1] Au siècle dernier, la préparation du tournesol, commencée dans les environs de Montpellier, s'achevait en Hollande. Au village de Grand-Galargues (Hérault), on teignait des *drapeaux* ou

puisqu'une goutte de ce liquide versée dans la teinture de tournesol la rougit. Il en est de même du vinaigre, qui doit son nom à son acidité.

On distingue deux sortes d'acides : ceux qui contiennent de l'*oxygène,* et ceux qui renferment de l'*hydrogène.*

42. 1. Acides oxygénés. — Le charbon, le soufre et le phosphore brûlés dans l'oxygène nous ont donné des acides (15); déjà le tournesol nous a permis de reconnaître cette propriété des composés ainsi formés.

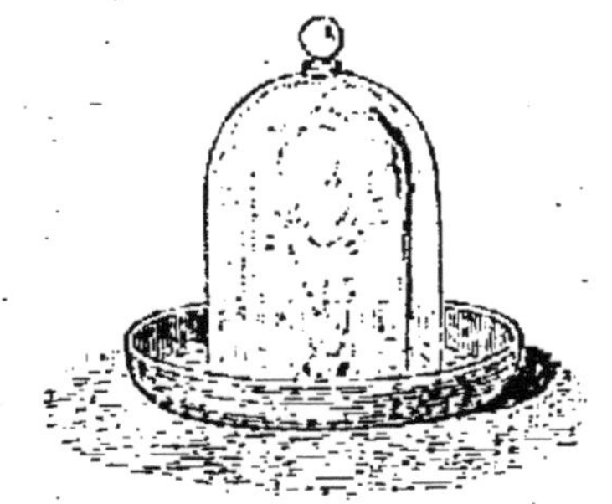

Fig. 27. — La combustion du phosphore donne un acide.

Expériences. — On obtiendra pareillement un acide en faisant brûler à l'air un petit grain de phosphore pris à une allumette. La neige blanche qui se dépose sur les parois du verre sous lequel s'est faite la combustion, rougit la teinture de tournesol. Le jus d'un citron exprimé au-dessus du tournesol produit le même effet : c'est de l'acide *citrique.*

Nomenclature. — Règle générale, le nom d'un acide se forme en ajoutant la terminaison *ique* au nom du corps qui s'est combiné à l'oxygène.

Le carbone donne : l'acide carbonique.

Le phosphore donne : l'acide phosphorique.

L'usage apprendra certaines exceptions, telle que

lambeaux de toile au bleu de tournesol; puis cette matière tinctoriale, expédiée en Hollande, y était transformée en *pains* de tournesol. Les drapeaux, plongés dans le jus verdâtre de la morelle, passaient au bleu sous l'influence de l'air et de l'ammoniaque dégagée par l'urine putréfiée. Les Hollandais employaient ce tournesol à colorer le vin, et sans doute aussi leurs fromages.

l'acide *sulfurique*, qui est un des acides du *soufre*.

Quand un corps forme *deux* acides, le moins riche en oxygène, celui qui n'est encore qu'incomplètement brûlé ou oxydé, prend la terminaison *eux*. — Exemple : L'acide *phosphoreux*, produit de la combustion lente du phosphore (16), est donc d'un degré inférieur à l'acide phosphor*ique;* mais ces deux acides contiennent du phosphore et de l'oxygène.

43. 2. Acides hydrogénés. — L'acide chlorhydrique du commerce rougit aussi le tournesol. On obtient cet acide en faisant brûler de l'hydrogène ou plus simplement un petit jet de gaz de l'éclairage dans un flacon de chlore (64). La teinture de tournesol versée dans le flacon, après l'expérience, passe aussitôt au rouge.

Le nom d'un acide hydrogéné se forme en ajoutant la terminaison *hydrique* au nom du corps qui se combine à l'hydrogène. Le *chlore* donne ainsi de l'acide *chlorhydrique*.

44. II. Oxydes et bases. — *Définition*. — Un oxyde est un composé d'un corps avec l'oxygène : la rouille du fer (16) est un oxyde de fer. Les oxydes ne rougissent pas le tournesol : c'est par là qu'ils diffèrent des acides. Le bioxyde de manganèse (12), combinaison d'un métal, le manganèse, avec l'oxygène, n'agit pas sur le tournesol.

Fig. 28. — Formation d'une base. (Combustion du potassium.)

Mais certains oxydes qui sont solubles dans l'eau ramènent au *bleu* la teinture de tournesol rougie par un acide : on les appelle *bases*. Un morceau de chaux jeté dans le tournesol rougi s'y dissout assez pour le bleuir. La chaux est donc une base.

Expériences. — Le potassium, en brûlant sur

l'eau, donne une base. Un morceau de potassium gros comme un pois, jeté sur un peu de teinture rouge de tournesol, brûle à la surface, puis disparaît en se dissolvant. En même temps le tournesol redevient bleu; le potassium, en s'oxydant sur l'eau, donne donc de la *potasse,* qui est une nouvelle base.

Nomenclature. — Le nom d'un oxyde se forme simplement en faisant précéder le nom du corps qui le produit des mots *oxyde de.* On dit ainsi : oxyde de fer, oxyde de carbone, pour désigner les combinaisons du fer ou du carbone avec l'oxygène.

45. Autres composés binaires. — Nous n'avons vu jusqu'ici que les composés formés avec l'hydrogène ou avec l'oxygène. Le plus souvent les mêmes corps qui brûlent dans l'oxygène brûlent pareillement dans le chlore ou dans le soufre. C'est ainsi que nous avons vu le cuivre brûler dans la vapeur de soufre (10).

Expérience. — Des morceaux de clinquant, sorte de cuivre divisé, un peu chauffés et plongés dans un flacon plein de chlore, brûlent avec éclat et donnent d'abondantes vapeurs vertes, résultat de la combinaison du chlore et du cuivre (fig. 29).

Fig. 29. — Combustion du cuivre dans le chlore.

Nomenclature. — Le nom de ces composés binaires se forme de celui des deux éléments qu'il renferme. Le premier prend la terminaison *ure,* l'autre lui est uni par la particule *de.*

Le sulfure de cuivre (10) est donc un composé de soufre et de cuivre; le sulfure de carbone, un composé de soufre et de carbone; le chlorure de sodium, un composé de chlore et de sodium; l'iodure de phosphore, un composé d'iode et de phosphore.

46. III. SELS. — *Définition.* — Un sel est le résultat de la combinaison d'un acide et d'une base.

Formation. — 1. La chaux ne se dissout qu'incomplètement dans l'eau; mais, si l'on ajoute de l'acide azotique, sa dissolution devient complète. La chaux est une *base* (44); combinée à l'*acide* azotique, elle donne un nouveau corps qui n'est plus ni acide ni base : c'est un *sel* soluble.

2. De même, de l'ammoniaque, qui est une *base*, versée dans quelques gouttes d'*acide* chlorhydrique, produit une élévation de température et une épaisse fumée; il y a donc combinaison, et en effet, après refroidissement, on trouve qu'il se dépose un corps solide, cristallisé, qui est un *sel*.

Nomenclature. — 1. Pour nommer un sel, on change en *ate* la terminaison *ique* de son acide, et on fait suivre ce nom modifié de celui de la base.

L'acide *azotique* combiné à la chaux donne, par suite, de l'*azotate de chaux*.

Il résulte de cette règle que, dans le carbon*ate* de potasse, l'acide carbon*ique* s'est uni à la *potasse*.

Le chlorhydr*ate* d'ammoniaque résulte donc de la combinaison de l'acide chlorhydr*ique* avec l'ammoniaque.

2. Si l'acide a la terminaison *eux*, on la change en *ite*. Ainsi l'acide hypochlor*eux* combiné à la chaux donne de l'hypochlor*ite* de chaux.

47. RÉSUMÉ. — Les quelques principes de nomenclature qui précèdent nous permettront de connaître le sens des noms chimiques. Les corps simples sont désignés par un seul mot, les corps composés par deux mots. — Les mots *oxyde* ou *acide* indiquent des composés binaires, qui d'ordinaire peuvent se combiner entre eux. Une terminaison d'acide en *ique* indique plus d'oxygène qu'une terminaison en *eux*. Pareillement un nom de sel en *ate* suppose dans l'a-

cide plus d'oxygène que dans un sel en *ite*. — Enfin une terminaison en *ure* indique un composé binaire distinct des acides et des oxydes.

CHAPITRE VI

DEUX COMPOSÉS DE L'AZOTE

Acide azotique et ammoniaque.

48. L'azote peut se trouver en combinaison avec l'oxygène ou avec l'hydrogène. L'acide *azotique* est un de ses composés oxygénés, tandis que l'*ammoniaque* est un composé d'azote et d'hydrogène.

I. — Acide azotique

49. Préparation. — On trouve dans le commerce, à bas prix, de l'acide *nitrique* ou *azotique* un peu étendu d'eau, mais suffisant pour les expériences que nous avons à faire.

On en prépare, dans les laboratoires, une variété tout à fait concentrée, nommée acide azotique ou nitrique *fumant*. Les matières premières qui servent à le produire sont :

Du salpêtre (azotate de potasse) : 100 grammes, *ou* du nitrate de soude (moins cher) : 85 grammes. On ajoute à l'*un* de ces deux sels 82 grammes d'acide sulfurique.

Le sel que l'on doit employer est pulvérisé et introduit dans une petite cornue en verre (fig. 30). On verse dessus l'acide sulfurique. La cornue est placée sur le feu; son col s'engage dans un ballon qui repose sur l'eau d'un bassin, afin de condenser plus complètement les vapeurs d'acide.

Ces vapeurs d'acide azotique sont blanches; mais, au commencement et à la fin de la distillation, il se produit des vapeurs rouges qui résultent de la décomposition de cet acide.

Explication. — Si l'on se proposait uniquement

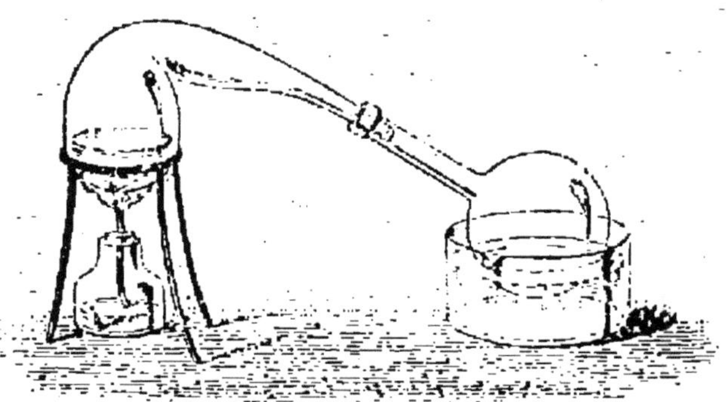

Fig. 30. — Préparation de l'acide azotique.

de montrer comment se forme l'acide azotique, sans vouloir le recueillir, il suffirait de chauffer dans un tube à essais un peu de salpêtre, sur lequel on verserait de l'acide sulfurique (fig. 31). — Le tableau suivant explique cette réaction.

AVANT L'OPÉRATION	APRÈS LA DISTILLATION	
Azotate de soude.	Acide azotique,	se condense dans le ballon.
	Soude.	Sulfate de soude, reste dans la cornue.
Acide sulfurique.		

PROPRIÉTÉS DE L'ACIDE AZOTIQUE

50. 1. Propriétés physiques. — L'acide azotique a une odeur spéciale un peu irritante. Sa couleur ordinaire est jaunâtre; il fume plus ou moins à l'air. La moindre goutte de cet acide jaunit le drap et teint la peau, sans qu'il soit possible de faire disparaître la tache.

Quelques gouttes d'acide azotique chauffées dans un tube à essais donnent à l'ébullition des vapeurs rutilantes : moyen facile de distinguer cet acide des autres.

51. 2. Propriétés chimiques. — Les différents noms que l'on donne à cet acide sont des expressions significatives. On l'appelle acide *azotique*, parce que c'est un composé d'azote et d'oxygène; acide *nitrique*, parce qu'on le retire du salpêtre ou nitre (49); *eau-forte*, à cause de son action dissolvante sur certains métaux (52).

(*a*) L'acide azotique dissout le *phosphore* en l'oxydant. Un grain de phosphore mis dans une soucoupe où l'on a versé un peu d'acide azotique répand des vapeurs rouges et prend même feu. — Essayez avec le phosphore d'une allumette.

(*b*) Plusieurs métaux tels que le plomb, le zinc, le cuivre et l'argent, se dissolvent complètement dans l'acide azotique, sans même qu'il soit nécessaire de chauffer. Il se forme alors un sel, qui est un azotate du métal dissous.

52. *Expériences.* — 1. Un *sou* placé dans l'acide azotique même étendu se nettoie, en répandant des vapeurs rouges; en même temps la liqueur prend la teinte bleue de l'azotate de *cuivre*. Cette action de l'acide azotique est utilisée dans la *gravure* sur métaux.

2. Faites fondre sur une plaque de cuivre un peu de cire, puis tracez un dessin sur cet enduit, à l'aide d'une pointe ou d'une plume de fer. L'eau forte versée sur la plaque attaquera le cuivre partout où la pointe aura enlevé la cire, et épargnera les autres endroits.

Après quelques minutes, la plaque lavée à l'eau pour enlever l'acide, puis à l'essence de térébenthine pour dissoudre la cire, présentera en creux tous les détails du dessin tracé à sa surface.

2. Des grains de *plomb* ou une lame de plomb mis dans l'acide azotique étendu d'eau donnent de l'azotate de plomb. La liqueur ne change pas de couleur; mais il suffit, pour y reconnaître le métal, d'y plonger une lame de zinc qui précipite le plomb (7.3).

3. L'*argent* dissous dans l'acide azotique donne de l'azotate d'argent; c'est la pierre *infernale* employée en médecine.

(c) Certains métaux ne se dissolvent pas dans l'eau forte, en particulier l'*or* et le *platine*. Ils se nettoient dans cet acide sans s'y dissoudre.

53. SUBSTANCES ORGANIQUES. — La peau, le drap, la laine, la soie, les plumes, et en général les tissus d'origine *animale*, se colorent en jaune, sans se décomposer, dans l'acide azotique même étendu.

Un petit écheveau de laine blanche mis dans de l'eau bouillante qu'on a additionnée d'un peu d'acide azotique prend peu à peu une couleur jaune.

Fig. 31.
Action de l'acide azotique sur l'amidon.

Les substances *végétales* éprouvent, au contraire, un phénomène de combustion plus ou moins vive.

Expériences. — 1. Quelques gouttes d'acide azotique, versées dans un tube sur quelques grains d'*amidon* et chauffées, donnent des vapeurs rouges. Il reste dans le tube de l'acide oxalique, avec lequel on prépare l'*eau de cuivre*.

2. Quelques gouttes d'acide azotique concentré ver-

sées sur un peu d'essence de térébenthine que l'on a noircie en y versant de l'acide sulfurique donnent une combustion vive avec flamme (11.3).

84. Application. — Cette action de l'acide azotique sur certaines matières végétales est utilisée :

1° Pour préparer l'acide oxalique (53). — 2° Pour obtenir le *fulmi-coton*. Ce nouveau composé, qui conserve l'aspect et la couleur du coton, brûle avec plus de rapidité que la poudre ordinaire et détonne avec plus de force quand il est comprimé. — 3° L'acide azotique donne encore, en agissant sur la glycérine, la nitro-glycérine, avec laquelle on fait la *dynamite*. Personne n'ignore aujourd'hui les redoutables effets de ces deux substances explosives.

II. — L'AMMONIAQUE OU ALCALI VOLATIL

85. Le nom d'ammoniaque s'applique à un liquide et aussi à un gaz. On appelle ainsi la combinaison de l'azote et de l'hydrogène. On peut l'obtenir à l'état gazeux, et on lui donne alors le nom de *gaz ammoniac;* mais on conserve surtout ce composé à l'état de dissolution, qu'on appelle simplement *ammoniaque.* Ce liquide, fort anciennement connu, devait conserver en chimie le nom sous lequel on l'a toujours désigné. On le trouve dans le commerce de droguerie, c'est un des produits chimiques les plus communs.

86. Préparation. — Nous n'avons pas à préparer l'ammoniaque en dissolution, il nous suffira d'en étudier les propriétés, mais il est utile de préparer du gaz ammoniac. On peut l'obtenir de deux manières différentes :

1. L'ammoniaque que l'on fait bouillir dans un ballon donne un courant de gaz ammoniac que l'on

pourrait au besoin dessécher dans un flacon rempli de morceaux de chaux (fig. 33).

2. Le sel ammoniac pulvérisé avec un poids égal de chaux vive et introduit dans un tube à essais donne, même à froid, du gaz ammoniac, qui se dégage en plus grande abondance si l'on chauffe (fig. 32).

Fig. 32. — Production du gaz ammoniac.

37. Propriétés physiques. — 1. L'ammoniaque est un liquide d'une odeur pénétrante qui provoque les larmes; le gaz ammoniac, plus irritant encore, semble déchirer les narines; on en fait respirer dans les syncopes.

2. Le gaz ammoniac est le gaz le plus soluble qui existe; cette solubilité est telle, que l'on peut dissoudre un mètre cube de gaz ammoniac dans un litre d'eau.

Expérience. — Si l'on fait arriver un courant de gaz ammoniac dans un petit flacon sec dont on tient l'ouverture en bas (fig. 33), et qu'on transporte sur l'eau le flacon rempli et bouché avec le doigt, on voit l'eau jaillir avec force et remplir le flacon en un instant (fig. 44).

3. De son côté, l'ammoniaque est un dissolvant, car la *cochenille*[1], dissoute dans ce liquide, donne de l'encre rouge.

38. Propriétés chimiques. — Trois caractères résument les propriétés de ce composé : l'ammoniaque est

[1] La cochenille est un petit insecte gros comme une coccinelle (bête à bon Dieu), que les Mexicains entretiennent et multiplient sur une espèce de cactus appelée nopal. L'insecte desséché ressemble à un petit pois rougeâtre; il abandonne à l'ammoniaque sa matière colorante et reprend sa forme en se gonflant de liquide.

une *base;* c'est de plus un *alcali* ou base fort soluble dans l'eau; enfin cet alcali est *volatil,* puisqu'il répand des vapeurs fort odorantes.

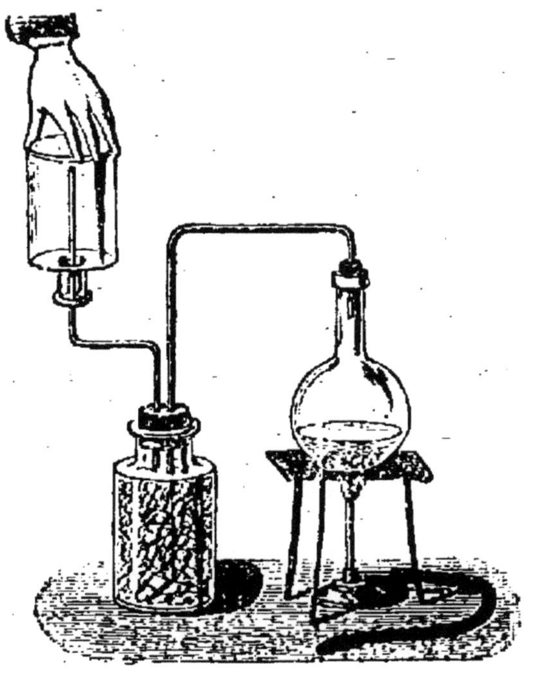

Fig. 33. — Préparation du gaz ammoniac.

1. *Action sur le tournesol.* — L'ammoniaque, versée dans la teinture de tournesol rougie par un acide, la ramène au bleu. Les *vapeurs* qui sortent du flacon produisent le même effet sur un papier qu'on a plongé dans cette teinture rouge.

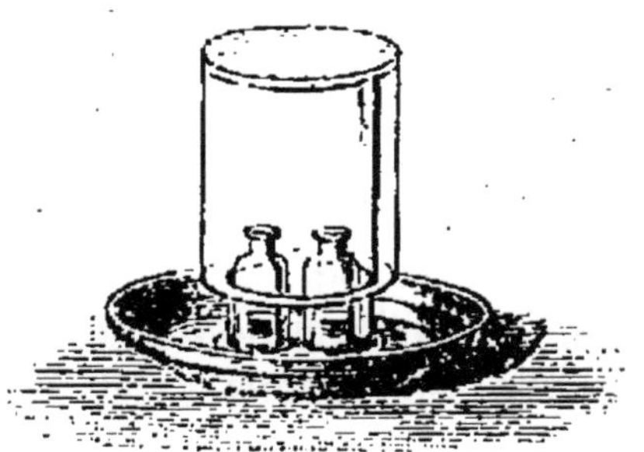

Fig. 34. — L'ammoniaque est un alcali volatil.

Si l'on place sous un bocal ou sous une cloche deux petites bouteilles contenant, l'une de l'ammoniaque et l'autre de la teinture rouge de tournesol, on ne tarde pas à voir bleuir le tournesol, ce qui prouve à la fois que l'ammoniaque est un *alcali* et que cet alcali est *volatil*.

D'ailleurs le tournesol n'est pas la seule couleur modifiée par l'ammoniaque. Des roses, des violettes ou d'autres fleurs colorées deviennent vertes si on les plonge dans l'ammoniaque, ou si on les place au-dessus du flacon qui en contient.

59. **Action sur les acides.** — 2. L'ammoniaque, étant une base, se combine avec les acides : 1. Aussi les taches rouges faites sur le drap par l'acide *sulfurique* disparaissent-elles, si on les lave avec un peu d'ammoniaque et qu'on les essuie ensuite avec de l'eau.

2. Si on verse quelques gouttes d'ammoniaque dans un verre et qu'on humecte ensuite les parois intérieures d'un second verre à boire avec de l'acide *chlorhydrique*, puis qu'on couvre avec ce second verre l'ouverture du premier, on ne tarde pas à voir l'espace compris entre ces deux verres se remplir de vapeurs blanches (46.2) de sel ammoniac.

Le meilleur moyen de reconnaître l'acide chlorhydrique est d'approcher le goulot du flacon qui en contient de celui du flacon d'ammoniaque; on voit aussitôt se former des fumées blanches de sel ammoniac.

3. L'ammoniaque se combine pareillement avec l'acide *carbonique*. Il se forme alors un sel solide qui occupe un fort petit volume. Aussi emploie-t-on l'ammoniaque pour faire disparaître le gonflement des bêtes qui ont mangé trop d'herbes. L'eau, additionnée de quelques gouttes d'ammoniaque, fait aussi disparaître l'ivresse.

4. Enfin l'ammoniaque sert à dégraisser. Les taches de *graisse* lavées avec l'ammoniaque disparaissent mieux que par un lavage au savon.

Ajoutons que l'ammoniaque sert encore à cautériser les morsures ou les piqûres d'animaux venimeux.

CHAPITRE VII

LE CHLORE ET SES PRINCIPAUX COMPOSÉS

Chlore. — Chlorures. — Acide chlorhydrique. — Eau régale.

I. — Le chlore

60. Préparation. — 1. *Gaz sec.* — On obtient du chlore en chauffant dans un ballon un mélange de manganèse en grains et d'acide chlorhydrique.

L'expérience réussit toujours, quelles que soient les proportions. Essayez dans un tube à essais. On doit

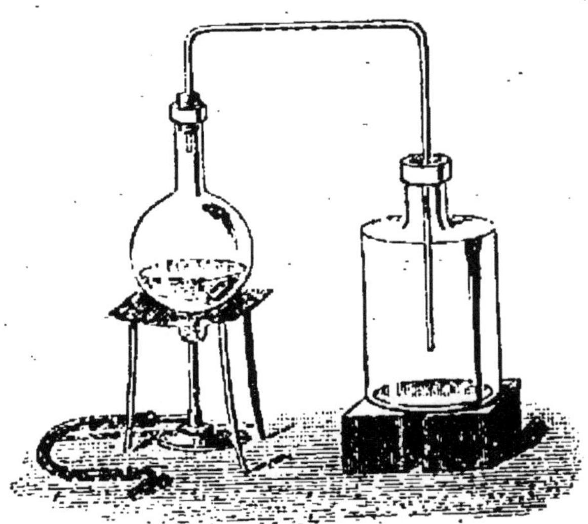

Fig. 35. — Préparation du chlore sec.

chauffer doucement, car le dégagement se fait déjà à froid. Le gaz se recueille dans des flacons *secs* (fig. 35). Il suffit donc de faire plonger le tube de dégagement jusqu'au fond d'un flacon, pour que le gaz, en y arrivant, déplace l'air et colore le flacon en vert. On voit qu'il est rempli lorsque les vapeurs de chlore sortent par l'orifice. Le flacon, plein de chlore, est soigneusement bouché et conservé pour les expériences à faire.

La préparation est terminée quand l'atmosphère du ballon, jusque-là remplie des vapeurs verdâtres du chlore, redevient incolore; en même temps on voit bouillir le liquide qu'il contient. Il suffit alors de rejeter le liquide qui a servi, pour verser ensuite de l'acide chlorhydrique neuf, au moment d'une nouvelle préparation. Il est bon cependant d'ajouter un peu de manganèse neuf à chaque expérience.

Réaction. — L'oxyde de manganèse décompose l'acide chlorhydrique et en dégage le chlore.

AVANT L'EXPÉRIENCE		APRÈS L'EXPÉRIENCE	
Acide chlorhydrique.	Chlore,	se dégage seul.	
	Chlore.		Chlorure de manganèse.
	Hydrogène.	Eau.	
Oxyde de manganèse.	Oxygène.		
	Manganèse.		

61. DISSOLUTION CHLORÉE. — 2. La dissolution du chlore dans l'eau s'obtient en faisant plonger jusqu'au fond d'un flacon plein d'eau le tube qui amène le chlore. De temps en temps on retire ce tube, on bouche avec le doigt l'orifice du flacon, et on agite pour favoriser la dissolution du gaz. La dissolution saturée de chlore a une teinte verdâtre; elle ne se conserve pas longtemps, surtout à la lumière.

3. S'il ne s'agit que de montrer du gaz chlore et d'en reconnaître les principales propriétés, il suffit, pour en obtenir, de verser un peu d'acide chlorhy-

drique sur du chlorure de chaux mis dans un flacon.

62. Propriétés physiques. — Il existe peu de gaz qui aient des propriétés physiques aussi caractérisées que le chlore.

Sa *couleur* suffirait pour le faire reconnaître : il est jaune verdâtre, ce qui lui a valu son nom.

Son *odeur* est irritante; elle provoque la toux, donne des maux de tête. — C'est un violent poison. Le chlore est le plus lourd des gaz. Sa *densité* est près de deux fois et demie plus grande que celle de l'air. — Nous savons qu'il est *soluble* dans l'eau.

63. Propriétés chimiques. — *Caractères du chlore.* — On reconnaît le chlore dissous ou gazeux à son odeur, à sa couleur, et surtout à l'action décolorante qu'il exerce sur un grand nombre de matières colorantes.

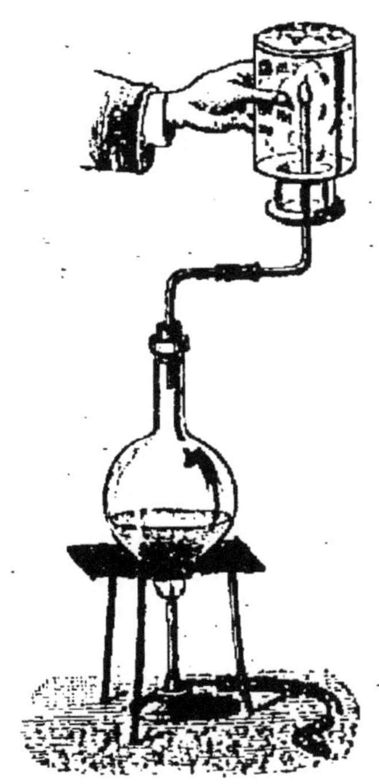

Fig. 36.
Combustion du chlore dans l'hydrogène.

64. Action du chlore sur l'hydrogène. — *Expériences.* — Un jet d'hydrogène (10.4), préalablement allumé au bout d'un long tube, est engagé dans un flacon de chlore gazeux : il continue à y brûler en produisant d'abondantes fumées blanches d'acide chlorhydrique (43). Inversement, un jet de chlore s'enflamme dès qu'on l'introduit dans un flacon d'hydrogène, et donne le même composé (fig. 36).

Ainsi l'on voit l'hydrogène brûler dans le chlore plus facilement encore que dans l'oxygène. Le chlore et l'oxygène sont donc deux gaz comburants ; l'hydrogène brûle indifféremment dans l'une ou l'autre de ces deux atmosphères.

Sur le phosphore. — Un morceau de phosphore mis dans une capsule qu'on fait descendre dans un flacon de gaz chlore s'y enflamme, sans qu'il soit nécessaire de l'allumer (14.3).

De la limaille de *cuivre*, une feuille de clinquant ou de cuivre mince plongée dans le chlore après avoir été un peu chauffée y brûle avec une flamme bleue (45).

Les autres actions du chlore que nous avons à étudier s'observent également bien, même en employant du chlorure de chaux ; aussi allons-nous nous occuper de ce corps.

65. Chlorure de chaux. — On appelle de ce nom un produit industriel très usité en raison de la grande quantité de chlore qu'il contient en combinaison. Ce composé du chlore et de la chaux est blanc, solide, pulvérulent; mais il prend facilement l'humidité. Il est soluble dans l'eau; aussi peut-on l'employer dans chacun de ces deux états, solide ou dissous.

Le chlorure de chaux a l'odeur affaiblie du chlore, il en possède les propriétés chimiques les plus précieuses; on le désigne souvent, mais à tort, sous le nom de *chlore*. L'eau de Javelle est du chlorure de chaux dissous dans l'eau.

Expériences. — Il suffit de verser quelques gouttes d'acide chlorhydrique sur du chlorure de chaux pour en voir sortir des bulles de chlore. L'acide carbonique de l'air suffit même pour décomposer ce chlorure, bien que plus lentement. — Une bande de papier imprégnée d'essence de térébenthine s'enflamme dès qu'on la plonge dans cette atmosphère de chlore.

66. Action du chlore et des chlorures sur les odeurs et sur les couleurs. — Le chlore et le chlorure de chaux sont employés comme désinfectants et comme décolorants.

1. L'odeur de l'ammoniaque ou celle des œufs pourris disparaissent quand on met un peu de chlorure de chaux dans le flacon qui renferme quelqu'un de ces gaz odorants. Aussi le chlore est-il employé pour *assainir*.

2. Une feuille de papier chargée d'écriture faite à l'encre ordinaire se *décolore* complètement, si on la plonge dans un flacon de chlore ou qu'on la place dans une assiette contenant un peu de chlorure de chaux en dissolution. Les traits faits au crayon sur ce papier résistent, au contraire, à l'action du chlore.

Le chlorure de chaux dissous suffit pour décolorer l'encre ordinaire, l'encre violette, le tournesol, l'encre rouge ou l'empois d'amidon additionné d'un peu d'iode. — Au contraire, les couleurs minérales telles que l'encre bleue, et surtout l'encre d'imprimerie, qui est faite avec du noir de fumée, ne se décolorent pas en présence du chlore. — Les fleurs colorées, telles que roses et violettes, prennent une teinte rouge dans le chlore.

67. **Usages.** — Cette propriété du chlore et du chlorure de chaux est utilisée pour blanchir la pâte du papier, le fil, le linge, et en général tous les tissus qui proviennent de plantes textiles.

68. II. Acide chlorhydrique. — Cet acide, qui résulte de la combinaison du chlore et de l'hydrogène, peut se rencontrer dans deux états différents : *liquide*, d'une couleur jaunâtre ; c'est un produit industriel fort commun, c'est le moins cher de tous les acides ; — *gazeux*, c'est un produit de laboratoire. Nous avons surtout à faire connaître les propriétés de l'acide chlorhydrique liquide.

69. Préparation. — Si d'ailleurs on voulait observer les propriétés de l'acide chlorhydrique gazeux, il suffirait de chauffer dans un ballon un mélange de sel de cuisine et d'acide sulfurique. Même à froid, on

voit se dégager à l'air des fumées d'acide chlorhydrique, qui sont blanches et irritantes, quand on verse dans une soucoupe un peu d'acide sulfurique sur quelques grains de sel. Il se dégage de l'acide chlorhydrique, et il reste dans le ballon du *sulfate de soude.*

Explication :

AVANT L'EXPÉRIENCE			APRÈS L'EXPÉRIENCE
Chlorure de sodium. (Sel marin.)	Chlore.		Acide chlorydrique.
	Sodium.		Sulfate de soude.
Acide sulfurique ordinaire.	Acide sulfurique.		Sulfate de soude.
	Eau.	Oxygène.	Sulfate de soude.
		Hydrogène.	Acide chlorydrique.

70. PROPRIÉTÉS PHYSIQUES. — Ces vapeurs d'acide chlorhydrique sont fort solubles dans l'eau, car un litre d'eau dissout 500 litres de gaz chlorhydrique. L'acide chlorhydrique liquide du commerce n'est autre que cette dissolution faite dans l'eau et un peu jaunie par des corps étrangers et par du chlore.

On reconnaît cet acide aux vapeurs suffocantes[1] qu'il répand à l'air, de là vient le nom d'*esprit de sel fumant* qu'on lui a parfois donné : comme il est volatil, on l'appelle *esprit;* le mot *fumant* rappelle les vapeurs qu'il répand à l'air : on sait d'ailleurs que c'est un acide extrait du *sel.* — Les ouvriers le nomment encore parfois, mais à tort, *vitriol.*

71. PROPRIÉTÉS CHIMIQUES. *Caractères.* — Le gaz

[1] Les fabriques de produits chimiques qui préparent du sulfate de soude sont souvent obligées de perdre l'acide chlorhydrique qui se produit au cours de la fabrication. Les cheminées d'appel de ces usines ont alors des hauteurs considérables. Celle de l'usine de Glasgow (Écosse) mesure 133 mètres.

chlorhydrique est un *acide*. Les expériences suivantes justifieront cette dénomination.

Expériences. — 1. Versez quelques gouttes d'acide chlorhydrique du commerce dans un litre d'eau ou dans un grand flacon plein d'eau; l'eau prendra une réaction acide, elle rougira le tournesol.

Le doigt plongé dans les vapeurs d'acide chlorhydrique, puis immergé dans le tournesol, en fait passer la couleur au rouge.

2. Cet acide se combine aux *bases;* il forme avec l'ammoniaque le *sel ammoniac,* corps solide plus ou moins blanc employé par les ouvriers en cuivre pour faire des soudures. Une goutte d'acide chlorhydrique versée dans un peu d'ammoniaque donne des vapeurs blanches fort épaisses, produit un sifflement et un dégagement de chaleur; après refroidissement, il se forme du sel ammoniac solide et cristallisé (46.2).

Ordinairement, pour reconnaître l'acide chlorhydrique, on rapproche le flacon à ammoniaque (59.2); les vapeurs blanches qui se forment sont du sel ammoniac.

72. Composition. — Deux expériences déjà faites et qu'il nous suffira de rappeler vont nous permettre de reconnaître la composition de l'acide chlorhydrique, en nous montrant que cet acide contient du chlore et de l'hydrogène.

Expériences. — 1. Versez un peu d'acide chlorhydrique sur des morceaux de zinc ou de fer placés dans un flacon (fig. 37), il se dégagera un gaz que vous pourrez enflammer : c'est de l'*hydrogène* (17.1). — Constatez en même temps que l'acide chlorhydrique dissout le zinc et le fer; à cause de cette propriété, l'acide chlorhydrique étendu sert, dans le ménage, pour nettoyer le zinc.

2. Chauffez dans un tube à essais un peu de manga-

nèse avec de l'acide chlorhydrique (fig. 38), vous obtiendrez les vapeurs vertes et irritantes du *chlore* (60).

Fig. 37.
Production de l'hydrogène.

Fig. 38.
Production du chlore.

L'acide chlorhydrique est donc composé de chlore et d'hydrogène; il doit, par suite, son nom à sa composition.

EAU RÉGALE

73. On appelle *eau régale* un mélange d'acide chlorhydrique et d'acide azotique, auquel on donne ce nom parce qu'il dissout l'or, qui est le *roi* des métaux.

Le cuivre et surtout les feuilles de cuivre, avec lesquelles on fait l'or faux ou le clinquant, se dissolvent dans l'acide azotique (eau-forte, 52.1) et même dans l'acide chlorhydrique chaud; mais l'or pur ne se dissout dans aucun de ces deux acides.

Il serait peut-être difficile de tenter l'expérience sur l'or, car on ne trouverait pas toujours sûrement de l'or fin en feuilles; mais nous pouvons faire sur l'*étain* une expérience du même genre qui sera tout aussi concluante.

Expériences. — 1. Dans un premier tube à essais contenant de l'acide chlorhydrique, on met un morceau de papier d'étain (papier de chocolat). Ce métal ne s'y dissout que lentement, même à l'ébullition (fig. 39.1).

2. Dans un second tube, on verse un peu d'acide azotique sur un autre morceau d'étain en feuille, le métal est attaqué; il se divise, mais la poussière blanche que l'on obtient ne se dissout pas dans l'acide (fig. 39.2).

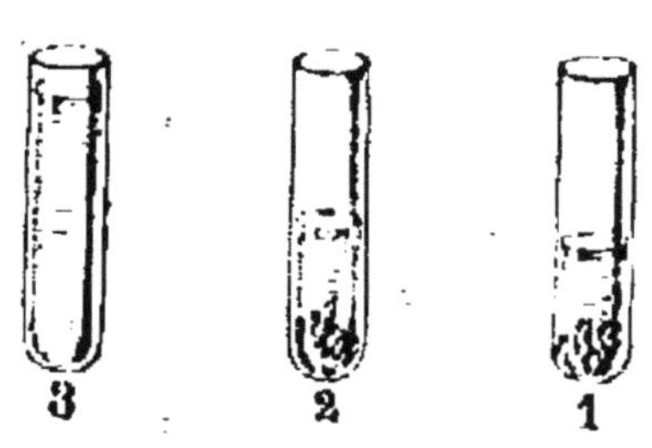

Fig. 39.
Expérience de l'eau régale.

3. On mélange ces deux liqueurs dans l'un des deux tubes, et, même avant de chauffer, on voit se dissoudre l'étain, qui disparaît bientôt complètement (fig. 39.3).

Le mélange des deux acides chlorhydrique et azotique forme l'eau régale; ce liquide est le véritable dissolvant de l'étain, de l'or et du platine.

CHAPITRE VIII

Soufre. — Acide sulfureux. — Acide sulfurique. — Acide sulfhydrique.

I. — SOUFRE

74. SES FORMES COMMERCIALES.—Le soufre est l'objet d'un commerce important (fig. 40). On l'importe en *pains* P pour être purifié et distillé dans des raffineries spéciales établies à Marseille et à Narbonne. — On le vend partout en *canons* ou gros bâtons C de soufre;

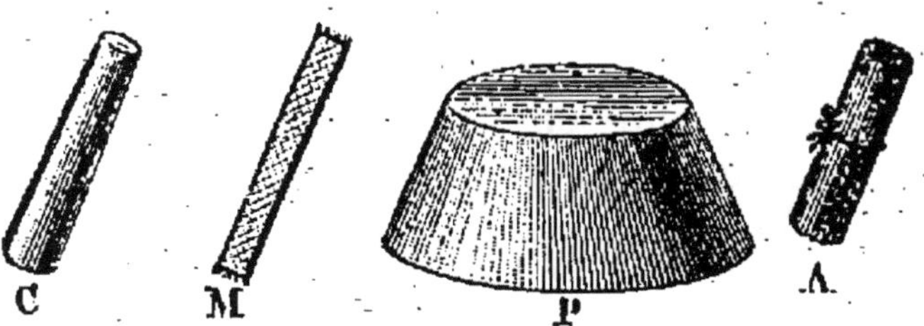

Fig. 40. — Formes commerciales du soufre.

c'est en cet état que l'on prend le soufre pour la fabrication de la poudre, parce qu'il est plus pur. — On utilise pour le soufrage des tonneaux de vin et autres spiritueux des *mèches soufrées* M. — On emploie encore des *allumettes* de chanvre A soufrées et de la *fleur* de soufre pour préserver la vigne de certaines maladies.

Le soufre nous vient de l'Italie et surtout de la Sicile. Cette île produit annuellement environ 375,000 tonnes de soufre représentant une valeur de 42 millions[1].

75. Propriétés physiques. — Le soufre pur est d'une belle couleur; jaune il n'a ni odeur ni saveur; ce n'est pas un poison, bien qu'on lui prête souvent des propriétés vénéneuses, parce qu'on le confond avec le phosphore.

[1] *Industrie du soufre.* — On compte en Sicile plus de 800 carrières de soufre, dans lesquelles travaillent 15,000 ouvriers. Le soufre se trouve mélangé à la marne, au sel marin et au plâtre; il se rencontre par veines dont l'épaisseur varie de 3 à 30 mètres. Ces filons s'exploitent à l'aide de galeries, qui descendent jusqu'à 150 mètres de profondeur. Le minerai, porté à la surface du sol, à dos d'enfants, est accumulé par tas, qu'on appelle *calcaroni*. Chaque calcarone peut contenir jusqu'à 2,000 mètres cubes de minerai. On met le feu au soufre, et on recueille dans des formes le soufre fondu qui a échappé à la combustion. Les pains de soufre brut sont du poids de 60 kilogr.

Le soufre s'*électrise* aisément. Un morceau de soufre frotté avec du drap attire des barbes de plume

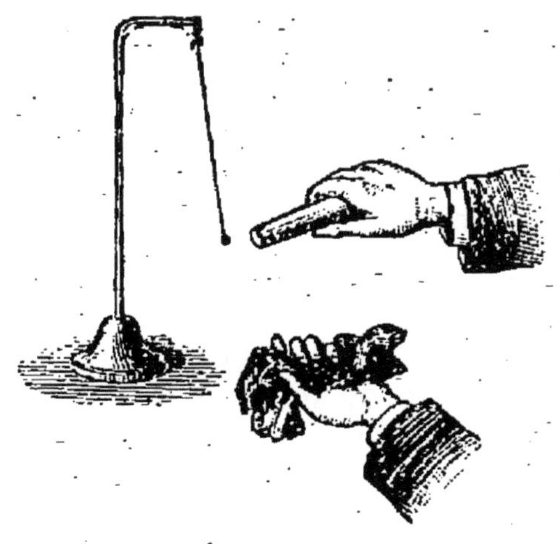

Fig. 41. — Électrisation du soufre.

ou le pendule à balle de sureau (fig. 41). Le soufre pèse environ deux fois plus que l'eau.

La *chaleur* exerce sur le soufre une action remarquable. Le soufre conduit mal la chaleur : un canon de soufre serré dans la main ou chauffé à la flamme d'une bougie fait entendre des craquements qui tiennent à ce que la chaleur se propage difficilement dans le soufre et sépare les aiguilles cristallines dont il est formé.

Fig. 42. — Fusion du soufre.

Expérience (fig. 42). — Le soufre fond à 111°. Des morceaux de soufre sont placés dans une soucoupe que l'on chauffe après l'avoir fait reposer sur une couche de sable étendue sur une plaque de tôle. Dans ces conditions, on peut observer les singuliers phénomènes que présente la fusion du soufre, sans avoir à craindre de briser la soucoupe.

Le soufre qui vient de fondre est jaune, limpide et fort liquide. A une température plus haute, sa couleur devient orange, puis rouge, et en même temps le liquide s'épaissit; plus tard encore, le soufre redevient fluide.

Les mêmes changements s'observent dans l'ordre inverse en laissant refroidir le soufre qu'on a fait fondre.

76. Moulage du soufre. — Le soufre coulé se moule parfaitement.

Expérience. — Coulez du soufre, pris au moment où il vient de fondre, sur une médaille ou une pièce de monnaie entourée d'un rebord en papier, et dont la surface aura été un peu graissée ou huilée. Après refroidissement, vous obtiendrez un moule de soufre en creux. Un moulage au soufre fait avec un moule en plâtre un peu graissé donnerait une médaille en soufre, que l'on peut bronzer ensuite. On a fait ainsi des collections de médailles.

77. Propriétés chimiques du soufre. — Le soufre est surtout connu comme *combustible*. Il s'allume en effet facilement vers 250°, il donne alors une flamme bleue, et produit des vapeurs d'acide sulfureux qui provoquent la toux. On donne même à ces gaz le nom de *vapeurs de soufre*.

Mais la combustion du soufre ne se fait qu'en présence de l'air; même quand il est porté à une haute température, le soufre qui s'est enflammé de lui-même s'éteint aussitôt qu'on le couvre.

Expériences. — 1. Un morceau de soufre allumé sur une soucoupe fond en brûlant; on remarque alors la flamme bleue qui accompagne cette combution et qui suffit le plus souvent pour reconnaître le soufre. Chacun a pu observer cette flamme au premier moment de la combustion d'une allumette.

2. Une allumette soufrée ou un morceau de soufre mis à brûler dans un flacon plein d'air, ou, ce qui serait mieux encore, plein d'oxygène (14.2), donne des vapeurs dont on peut reconnaître les propriétés acides. Une mèche allumée s'éteint ensuite dans ce flacon. Un peu de tournesol versé dans le flacon prend la couleur rouge caractéristique des acides.

II. — Acide sulfureux

78. L'acide sulfureux, que nous avons eu déjà plusieurs fois l'occasion de produire, est un composé de soufre et d'oxygène (42). Il s'obtient chaque fois qu'on fait brûler du soufre à l'air. Son odeur provoque la toux. On l'appelle souvent *vapeur de soufre*.

79. Préparations. — Nous avons vu comment avec

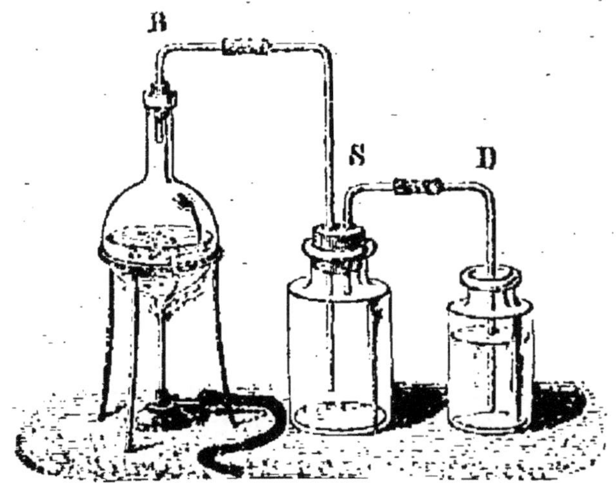

Fig. 43. — Préparation de l'acide sulfureux.
B. Ballon. — S. Gaz sulfureux sec. — D. Gaz sulfureux en dissolution.

une mèche soufrée il serait facile de remplir un flacon de gaz sulfureux plus ou moins mélangé d'air.

Cette préparation si simple peut suffire, car elle permet de reconnaître les caractères chimiques de cet acide (81).

2. Pour obtenir à la fois du gaz sulfureux sec et sa dissolution, on dispose l'appareil suivant :

On introduit dans un ballon 20 grammes environ de cuivre divisé en morceaux, et 120 grammes d'acide sulfurique (fig. 43). Comme le mélange se boursoufle pendant la réaction, il est bon de prendre un ballon quatre à cinq fois plus grand que le volume du liquide employé.

L'acide sulfureux est fort soluble dans l'eau; aussi faudrait-il régulièrement le recueillir sur le mercure; mais, comme il est beaucoup plus lourd que l'air, on peut le recueillir et le conserver dans des flacons secs. Un premier flacon S placé à la suite du ballon B se remplit de gaz; on le remplace par un autre, quand on voit que le gaz se dissout dans l'eau que contient le flacon D placé à la suite.

Quand la préparation est terminée, on remplit d'eau le ballon, on fait bouillir ce liquide, et on le verse ensuite dans une terrine, où, par refroidissement, se déposent les cristaux bleus de *sulfate de cuivre* qui résultent de la dissolution du cuivre dans l'acide sulfurique.

Fig. 44. — Dissolution du gaz sulfureux dans l'eau.

80. Propriétés physiques. — L'*odeur* de l'acide sulfureux suffoque et provoque la toux.

Ce gaz est plus de deux fois plus *lourd* que l'air ($d=2.24$). Une bougie placée dans un flacon s'éteint si on y verse le gaz sulfureux contenu dans une éprouvette.

Enfin cet acide est fort *soluble* dans l'eau. Un petit

flacon d'acide sulfureux est bouché avec le doigt et retourné sur l'eau, où on le débouche; aussitôt l'eau s'y précipite en dissolvant le gaz (fig. 44).

Cette facile dissolution s'observe déjà rien qu'en retournant sur l'eau un flacon dans lequel on s'est contenté de brûler une mèche soufrée pour le remplir de gaz sulfureux.

81. PROPRIÉTÉS CHIMIQUES. *Caractères.* — On reconnaît l'acide sulfureux non seulement à son odeur et à sa facile solubilité, mais surtout aux phénomènes de décoloration et de décomposition qu'il détermine.

1. L'acide sulfureux *n'entretient pas la combustion.* — *Expérience.* Une mèche allumée plongée dans un flacon plein de ce gaz s'y éteint aussitôt (77). Cette expérience réussirait encore avec la flamme du gaz ou celle du phosphore allumé. Aussi se sert-on du soufre pour éteindre les feux de cheminée; quelques morceaux de soufre jetés dans le foyer donnent du gaz sulfureux, qui arrête la combustion de la suie dans la cheminée.

2. L'acide sulfureux est un *décolorant.* — *Expériences.* (*a*) La teinture de tournesol versée dans le gaz sulfureux ou dans sa dissolution faite dans l'eau prend aussitôt une belle couleur rouge, qui révèle les propriétés acides de ce gaz.

(*b*) Les violettes ou d'autres fleurs colorées introduites dans un flacon plein d'acide sulfureux ou plongées dans la dissolution de ce gaz pâlissent et perdent même toute coloration. Elles reprendraient une couleur rouge en les plongeant alors dans un flacon de chlore, ou dans une dissolution de chlorure de chaux, ou encore dans l'eau acidulée par l'acide sulfurique.

3. Le permanganate de potasse présente le plus bel exemple de décoloration de ce genre. La dissolution de ce sel, qui est d'un beau violet, versée dans l'acide

sulfureux, gazeux ou dissous, devient aussitôt incolore comme de l'eau.

82. Application. — Le pouvoir décolorant si remarquable de l'acide sulfureux est utilisé pour blanchir la soie, la laine, les éponges et autres tissus d'origine *animale* (66). On peut encore enlever les taches de fruits rouges ou de vin en exposant l'étoffe tachée et mouillée aux vapeurs du soufre que l'on brûle sous un cornet de papier ou sous un entonnoir.

III. — Acide sulfurique

83. L'acide sulfurique est l'acide le plus important de la chimie, l'un des produits industriels les plus demandés. Il est donc à la fois utile et facile d'en étudier les propriétés.

84. Préparation. — L'acide sulfurique se prépare dans des usines spéciales; ce n'est jamais un produit de laboratoire. Sa préparation serait trop lente; elle serait d'ailleurs assez inutile, puisque l'industrie fournit à bas prix de l'acide sulfurique de bonne qualité.

Citons cependant deux expériences destinées à prouver que l'acide sulfurique provient de l'oxydation de l'acide sulfureux. L'acide sulfurique est en effet, comme sa terminaison l'indique (42), de l'acide sulfureux combiné avec une nouvelle quantité d'oxygène [1].

Expériences.— 1. On verse dans un flacon plein de

[1] L'acide sulfurique, découvert au moyen âge, fut alors un produit dont la préparation resta longtemps secrète et fort coûteuse. Un premier perfectionnement, apporté en 1740 aux procédés primitifs, donna un acide dont le prix descendit de 100 francs le kilog. à 5 fr. 75. Actuellement, cette préparation est assez parfaite pour livrer au prix 0 fr. 20 le kilog. cet acide, le plus important de tous les produits chimiques.

gaz sulfureux quelques gouttes d'acide azotique concentré; on voit aussitôt se former des vapeurs rouges qui proviennent de la décomposition de l'acide azotique et de l'oxydation plus complète de l'acide sulfureux (fig. 45).

2. On introduit successivement dans un flacon une mèche soufrée S en combustion et un charbon C qu'on

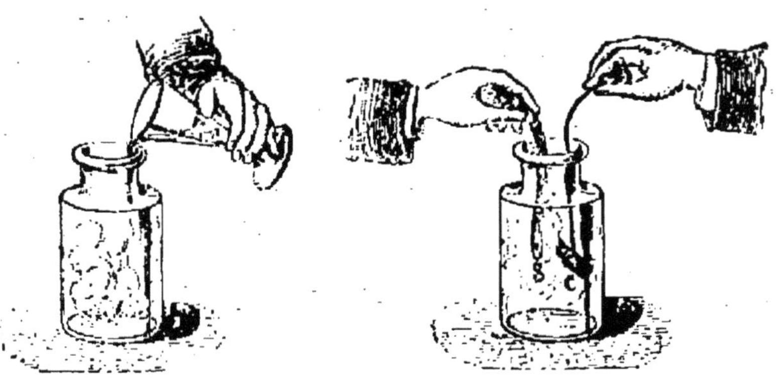

Fig. 45. — Réaction de l'acide azotique sur l'acide sulfureux.

Fig. 46. Formation d'acide sulfurique.

a plongé dans l'acide azotique (fig. 46); on voit se former encore ces mêmes vapeurs rouges. Quelques gouttes d'une dissolution de chlorure de baryum versées dans le flacon donneront un précipité blanc; c'est la meilleure preuve que l'acide sulfureux se transforme en acide sulfurique.

85. Propriétés physiques. — L'acide sulfurique pur est un liquide incolore et limpide, mais moins mobile que l'eau; il coule comme de l'huile, de là son nom d'*huile de vitriol*. Ce dernier mot rappelle qu'autrefois on le retirait du *vitriol* ou sulfate de fer : ce procédé est d'ailleurs encore usité en Allemagne.

L'acide sulfurique se colore à la longue, quand il reste exposé à l'air ; un petit morceau de bois ou de liège suffit pour le noircir complètement, sans modifier d'ailleurs ses autres propriétés.

L'acide sulfurique n'a ni odeur ni couleur; mais, même quand il est fort étendu d'eau, il a une *saveur* acide très prononcée. Pur, il rougit la peau, et il produirait des désordres internes d'une violence extrême si l'on en buvait.

L'acide sulfurique a pour densité 1.85 ; il ne bout qu'à 325°.

86. Propriétés chimiques. — Nous nous bornerons à donner ici quelques-uns des caractères distinctifs de l'acide sulfurique.

L'acide sulfurique même très étendu rougit le *tournesol*. Une goutte d'acide sulfurique versée dans un flacon plein d'eau donne à ce liquide les propriétés des acides les plus énergiques.

Deux autres caractères achèveront de faire connaître cet acide :

I. L'acide sulfurique se combine à l'eau et aux bases.

II. Il se décompose en présence des métaux.

L'acide sulfurique se *combine* avec l'*eau*. Cette combinaison se fait avec changement de volume et dégagement de chaleur.

Expériences. — 1. Une soucoupe ou un verre de montre dans lesquels on a versé un peu d'acide sulfurique ne tardent pas à se remplir, si on les laisse pendant quelques jours exposés à l'humidité de l'air, preuve que l'acide absorbe l'humidité de l'air.

2. Si, dans un verre à boire, on verse une certaine quantité d'eau et qu'on ajoute à peu près trois fois plus d'acide sulfurique en poids, il se fait une combinaison qui dégage beaucoup de chaleur. Le verre s'échauffe, et un tube à essais contenant de l'éther qu'on plonge dans le mélange s'échauffe assez pour que l'éther entre en ébullition (fig. 46). La vapeur d'éther

allumée à l'orifice du tube grandit à mesure que la température du bain s'élève.

Conséquences. — L'acide sulfurique est souvent employé en chimie pour dessécher les gaz. C'est en enlevant au bois ou au papier l'eau qu'ils contiennent qu'il les noircit.

Expériences. — (*a*) Un bout d'allumette, un copeau de bois plongé dans l'acide sulfurique pur ou étendu, noircit d'autant plus vite, que l'acide est plus concentré.

(*b*) Quelques traits tracés sur du papier avec l'acide sulfurique étendu demeurent incolores jusqu'à ce qu'on chauffe le papier : ils noircissent alors, et le papier se troue.

Fig. 47. — Chaleur dégagée par la combinaison de l'acide sulfurique et de l'eau.

87. I. L'acide sulfurique se *combine* aux *bases*. Il forme alors des *sulfates*, qui trouvent dans les arts chimiques ou mécaniques de nombreuses applications (79).

Expérience. — La combinaison de l'acide sulfurique et de l'ammoniaque est souvent utilisée pour enlever les taches que cet acide fait sur le drap.

La tache rouge laissée sur les étoffes par l'acide sulfurique, frottée avec de l'ammoniaque, donne du sulfate d'ammoniaque, que l'on enlève ensuite avec un peu d'eau. L'étoffe reprend alors sa couleur primitive (59.1).

Fig. 48. — Décomposition de l'acide sulfurique.

II. L'acide sulfurique se *décompose* dans bien des circonstances.

Expériences. — 1. Quelques clous ou des morceaux de fer mis dans l'acide sulfurique étendu donnent un dégagement d'*hydrogène* (17.1); le fer et le zinc décomposent donc cet acide.

2. Le soufre, le charbon, le cuivre, chauffés dans un tube à essais avec de l'acide sulfurique, donnent un dégagement d'acide sulfureux qu'il est impossible de ne pas reconnaître à son odeur (80).

IV. — Acide sulfhydrique

88. L'acide sulfureux et l'acide sulfurique sont des combinaisons du soufre avec l'oxygène; l'*acide sulfhydrique ne renferme que du soufre et de l'hydrogène.*

Préparations. — 1. On obtient de l'acide sulfhydrique en versant de l'acide sulfurique sur du sulfure

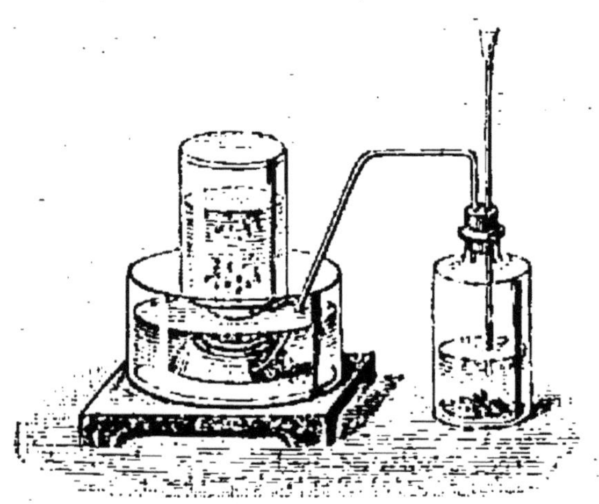

Fig. 49. — Préparation de l'acide sulfhydrique.

de fer. Ce dernier corps est un produit artificiel, noir, solide, et même très dur. On l'introduit avec de l'eau dans un flacon semblable à celui que l'on emploie pour préparer de l'hydrogène (17.2). La préparation se fait donc à froid ; le gaz se recueille sur l'eau, bien qu'il y soit un peu soluble. La dissolution de ce gaz se prépare comme l'eau chlorée (61).

2. On obtient encore ce gaz en chauffant dans un ballon du soufre et de la paraffine. Cette préparation est très facile.

89. PROPRIÉTÉS PHYSIQUES. — La propriété physique la plus remarquable de cet acide est son odeur, qui rappelle celle des œufs pourris. Cette odeur fétide se répand aisément ; il faut peu de gaz pour la sentir, et c'est heureux, car l'acide sulfhydrique étant un dangereux poison, on est averti de sa présence par l'odeur, avant qu'il y ait quelque danger à séjourner dans cette atmosphère.

L'acide sulfhydrique se dissout un peu dans l'eau. Cette dissolution ne se conserve pas facilement. On trouve dans la nature des *eaux sulfureuses* utilisées en médecine ; elles dégagent également l'odeur de l'acide sulfhydrique.

90. PROPRIÉTÉS CHIMIQUES. — Trois mots résument le caractère chimique de cet acide :

Il brûle, il se décompose, il se combine.

1. L'acide sulfhydrique *brûle*.

Expériences. — (*a*) Le jet de gaz sulfhydrique qui s'échappe de l'appareil peut être enflammé au bout du tube de dégagement ; on sent en même temps l'odeur de l'acide sulfureux qui provient de la combustion.

(*b*) On peut pareillement enflammer le gaz sulfhydrique qui remplit une éprouvette.

2. L'acide sulfhydrique se *décompose*.

Expériences. — (*a*) Un flacon ou un ballon plein de chlore renversé sur un flacon plein d'acide sulfhydrique sec (fig. 50) donne un dépôt blanc de soufre (66).

(*b*) Quelques gouttes de chlorure de chaux en dissolution versées dans une dissolution d'acide sulfhydrique lui enlèvent son odeur et donnent aussi un dépôt de soufre.

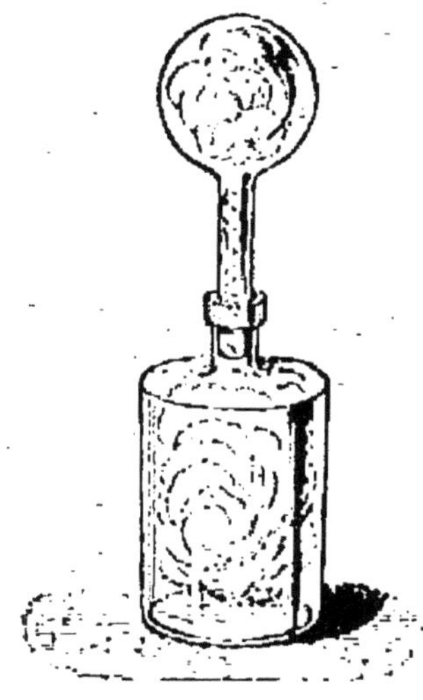

Fig. 50. — Action du chlore sur l'acide sulfhydrique.

(c) Un morceau de braise suspendu à un fil de fer et chauffé donne des fumées blanches de soufre en le plongeant dans le gaz sulfhydrique.

91. 3. L'acide sulfhydrique se *combine*.

Expériences. — (a) Les métaux tels que le cuivre et l'argent qu'on laisse séjourner dans une dissolution d'acide sulfhydrique ou dans une eau sulfureuse y prennent une teinte noire. Les cuillers d'argent qui ont servi à manger des œufs noircissent à cause du soufre que les œufs contiennent; ces taches s'enlèvent à l'ammoniaque.

(b) De l'acide sulfhydrique en dissolution donne d'abondants précipités fort colorés dans des dissolutions d'acétate de plomb ou de sulfate de cuivre. Cette expérience peut se répéter avec une eau sulfureuse minérale.

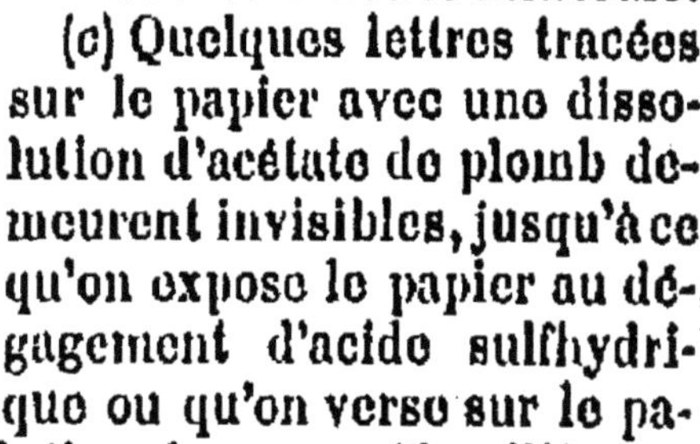

Fig. 51. — Action de l'acide sulfhydrique sur les métaux.

(c) Quelques lettres tracées sur le papier avec une dissolution d'acétate de plomb demeurent invisibles, jusqu'à ce qu'on expose le papier au dégagement d'acide sulfhydrique ou qu'on verse sur le papier un peu de la dissolution de ce gaz (fig. 51). Les sels d'étain et de cuivre donneraient des précipités et des colorations différentes.

(d) Ces caractères noircis disparaissent de nouveau

en versant sur le papier de l'eau de chlore ou du chlorure de chaux.

(e) Il est fort curieux de voir le précipité noir formé dans l'acétate de plomb par l'acide sulfhydrique ou le sulfure de baryum disparaître en versant de l'eau de chlore. Cette expérience achève de montrer l'action décolorante du chlore (66).

CHAPITRE IX

PHOSPHORE

92. État dans la nature. — Le phosphore est la matière combustible des allumettes chimiques qui s'enflamme par simple frottement. C'est aujourd'hui un des corps les plus universellement connus et répandus. Toutefois il ne faudrait pas regarder le phosphore comme une substance commune et qu'il serait facile de préparer; car le phosphore n'existe pur nulle part; il se trouve bien dans les os, dans l'urine et dans la laitance des poissons, mais toujours à l'état de combinaison. L'industrie ne parvient à l'extraire des os de bœuf ou de mouton que par une suite d'opérations assez longues. Toutefois ces procédés sont si parfaits, que l'on retire des os à peu près tout le phosphore qu'ils contiennent. Il y a deux siècles, au moment de la découverte de ce singulier corps, on l'exhibait comme une curiosité sur les champs de foire, et l'on montrait par une série d'expériences magiques la propriété qu'il possède de répandre des lueurs dans l'obscurité. Il valait alors 75 francs l'once de 30 grammes; aujourd'hui il ne coûte plus que 12 francs le kilog.

93. Propriétés physiques du phosphore.— Le phosphore se vend en bâtons cylindriques. Sa couleur est jaune ambrée; quand sa surface est propre, il est translucide comme du sucre d'orge.

Le phosphore est près de deux fois plus *lourd* que l'eau (D = 1,83).

A l'air il répand des fumées, et dans l'obscurité ces fumées sont lumineuses. Le trait fait sur une muraille avec une allumette que l'on *craque* dégage de ces fumées blanches et phosphorescentes. Le phosphore sec exposé à l'air peut s'y enflammer, si le temps est chaud.

Le nom de *phosphore* a donc été donné à ce corps parce qu'il luit dans l'obscurité. On voit parfois des charlatans faire apparaître, dans l'obscurité, des traits de feu et des caractères sur une muraille où ils avaient promené un morceau de phosphore. Ce genre d'expériences ne doit être reproduit qu'avec beaucoup de précautions, à cause de la facile combustion du phosphore et du danger que présentent les brûlures qu'il détermine.

Le phosphore fond à 44°.

Expérience. — Un morceau de phosphore mis dans un tube à essais contenant quelques gouttes d'eau fond rapidement à la flamme d'une bougie; il fond encore si on fait plonger le tube dans l'eau tiède à 50°.

Enfin le phosphore ordinaire se dissout dans le sulfure de carbone, aussi aisément que le sucre dans l'eau; on obtient ainsi une dissolution fort combustible.

94. Phosphore rouge. — Mais on prépare aujourd'hui une variété de phosphore qui jouit de propriétés tout à fait différentes : c'est le phosphore rouge. Ce corps, identique au phosphore ambré par le reste de ses propriétés chimiques, est rouge, opaque, insoluble dans le sulfure de carbone. Il ne cristallise pas, aussi l'appelle-t-on *amorphe;* mais ce qui augmente sur-

tout l'intérêt qu'il présente, c'est qu'il n'est pas vénéneux. Le phosphore ordinaire est un violent poison, et les allumettes ordinaires n'ont occasionné que trop souvent des empoisonnements dus au phosphore qu'elles portent, tandis que les allumettes *suédoises*, au phosphore amorphe, ne présentent d'autres dangers que ceux qui résultent de leur combustion.

Il n'est pas inutile d'observer que, dans les allumettes amorphes, le phosphore est étendu sur les côtés de la boîte, et que les bouts d'allumettes portent une préparation destinée à faciliter leur inflammation.

95. Propriétés chimiques. — Le phosphore est un des corps les plus facilement combustibles qui existent. Chauffé à l'air, il fond bientôt, et peu après il s'enflamme de lui-même. Cette combustion est plus vive dans l'oxygène; comme nous l'avons déjà observé (14.3), elle donne de l'acide phosphorique (42).

On peut aussi faire brûler le phosphore *sous l'eau*; il suffit pour cela de mettre un grain de phosphore dans l'eau, de le recouvrir d'une pincée de chlorate de potasse, et de verser le long des parois du verre un peu d'acide sulfurique (fig. 52). Le phosphore s'enflamme alors sous l'eau, en présence de l'oxygène que le chlorate de potasse abandonne.

Fig. 52. — Combustion du phosphore sous l'eau.

Le phosphore ordinaire est un poison, son contrepoison est l'essence de térébenthine.

96. Usage du phosphore. — Presque tout le phosphore qui se fabrique en Angleterre, en Allemagne,

en Italie et en France, sert à faire des allumettes. Cette fabrication consomme annuellement 250,000 kil. de phosphore.

Une allumette ordinaire subit bien des préparations.

Le bois est d'abord séché et débité, puis les petites buchettes sont mises en cadre (fig. 53).

Chaque cadre contenant les allumettes alignées est

Fig. 53. — Cadre garni d'allumettes.

porté sur une couche de soufre fondu; après avoir reçu ce premier enduit, les allumettes sont placées sur une plaque de marbre couverte d'une pâte phosphorée et colorée. La couleur et le vernis qui couvrent le phosphore d'une allumette sont destinés à empêcher sa trop facile combustion. Ces différentes opérations se font uniquement par des procédés mécaniques.

Expériences. — 1. Trempez le bout d'une allumette ordinaire dans l'eau chaude ou dans le sulfure de carbone, le phosphore fondra et disparaîtra.

2. Mettez dans la flamme d'une bougie un morceau du carton d'une boîte d'allumettes amorphes, vous en verrez brûler le phosphore.

CHAPITRE X

LE CHARBON

Le carbone et ses variétés. — Acide carbonique. — Oxyde de carbone.

I. — Carbone

97. On appelle *carbone* tout corps dont la combustion complète dans l'oxygène donne de l'acide carbonique, comme on appelle phosphore un corps jaune ou rouge qui en brûlant donne l'acide phosphorique. Or, de même qu'il y a deux variétés bien distinctes de phosphore, il y a aussi de nombreuses variétés de charbon ou de carbone, comme on dit en chimie. Il en existe qui sont toutes formées dans la terre, ce sont les variétés *naturelles;* d'autres, appelées *artificielles*, proviennent de préparations spéciales.

98. A. Charbons naturels[1]. — Le *diamant* est la

[1] *Les mines de diamant du Cap.*— Les mines de diamant qui sont aujourd'hui les plus célèbres sont celles de la vallée du fleuve Orange, dans l'Afrique du Sud. Découvertes en 1867, deux ans après elles occupaient déjà dix mille blancs, et quelques années plus tard des villes populeuses étaient fondées dans ces contrées jusque-là désertes. Kimberley est la capitale du pays diamantifère. « C'est un spectacle inoubliable, dit un savant ingénieur qui a récemment visité ces parages, celui qui s'offre à l'œil du visiteur à son arrivée à Kimberley, lorsque, à l'extrémité d'une rue, en pleine ville, il rencontre sous ses pas le gouffre béant de la mine, dans lequel les deux tours de Notre-Dame placées l'une sur l'autre n'affleureraient pas le niveau du bord, lorsqu'il aperçoit, dans ce trou immense animé par le va-et-vient des bannes (sortes de paniers) qui descendent et remontent sans cesse pour le service de l'extraction et

plus pure des variétés de carbone. Cette pierre d'un si grand prix n'est donc qu'une sorte de charbon sem-

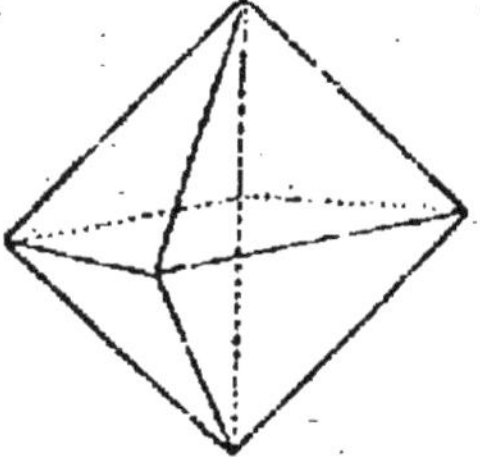
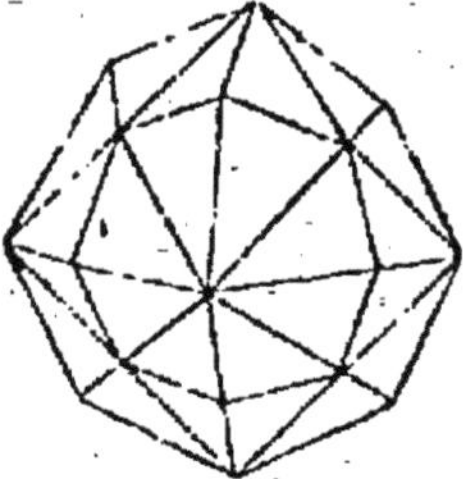

Fig. 54. — Forme naturelle du diamant.

blable, au point de vue chimique, à la mine de plomb et à la braise.

Lavoisier et d'autres chimistes après lui ont en effet constaté que le diamant brûle complètement dans l'oxygène en donnant uniquement de l'acide carbonique.

Le prix élevé du diamant dépend sans doute de sa rareté, mais l'estime qu'on en fait repose incontestablement sur ses propriétés physiques. Le diamant est le plus dur de tous les corps; aussi la difficulté de tailler les nombreuses facettes des *brillants* ajoute beaucoup à la valeur de cette pierre[1]. Tous les corps, même les plus durs, sont rayés par le diamant; on se

Fig. 55. — Diamant taillé.

de l'épuisement, plusieurs milliers de Cafres au travail, et qu'il entend leurs voix, mêlées au grincement des poulies et au choc des marteaux, s'élever comme un murmure confus au fond de cette ruche gigantesque. » (BOUTAN, le *Diamant*.)

[1] Les diamants exportés du Brésil ou du Cap se taillent à Amsterdam, à Anvers et à Paris. Il y a dix-neuf tailleries à Amsterdam; une seule de ces usines compte quatre cent cinquante meules et plus de mille ouvriers.

sert du diamant pour couper le verre, creuser les rochers et ouvrir les tunnels. On réserve pour ces travaux les diamants noirs, moins estimés et plus durs.

Un diamant d'une belle eau se laisse traverser par la lumière et multiplie à l'infini les rayons des bougies qui l'éclairent. Il n'y a pas de corps qui projette plus de feux que le diamant [1].

99. Plombagine (mine de plomb, graphite). — Il est juste de mettre à côté du diamant la variété de carbone qui est la plus pure après lui. Et cependant quelle différence entre ces deux corps! Le diamant est transparent, dur, incolore et d'un prix élevé; la plombagine est assez tendre pour s'user au contact du papier, assez noire pour servir à enduire les plaques de tôle; elle est d'ailleurs toujours opaque et vendue à vil prix.

Les bons crayons portent une baguette de plombagine; les crayons de charpentier, beaucoup moins tendres, contiennent du sulfure d'antimoine; les crayons Conté pour dessins sont un mélange de plombagine et d'argile. La plombagine Alibert d'Irkoust, en Sibérie, est aujourd'hui la plus répandue dans l'industrie.

100. Houille. — La houille ou charbon de terre est une variété de carbone fort répandue et de beaucoup la plus importante. Ce charbon est d'un noir brillant, sa poussière souille les doigts; il est si facilement combustible, qu'il s'allume dans les foyers où le tirage est le moins vif, et que la poussière de charbon s'enflamme parfois d'elle-même. Un kilogr. de houille fait bouillir environ 60 fois son poids d'eau.

La houille s'extrait du sol à des profondeurs différentes qui, en France, n'excèdent pas 400 mètres.

[1] « L'âme du diamant, a dit Joubert, c'est la lumière. »

Les veines de charbon, d'épaisseur variable, sont resserrées entre des bancs de terrains improductifs sur

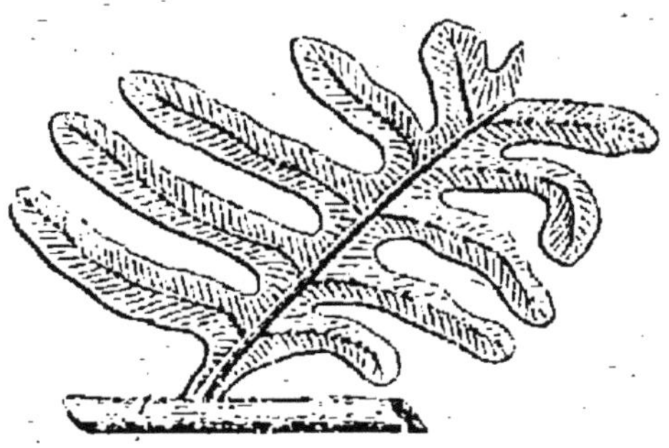

Fig. 56. — Impressions de feuillage.

lesquels on observe encore les admirables dentelures des feuilles, et les écorces des plantes dont la lente décomposition a produit la houille[1].

On connaît deux variétés principales de charbon : la houille *grasse*, qui fond au feu, et donne, en distillant, beaucoup de gaz et de goudron ; la houille *maigre*, qui se divise au feu et brûle sans se ramollir.

101. L'ANTHRACITE est un charbon de terre plus pur, qui diffère surtout de la houille par la difficulté de s'allumer et aussi parce qu'il donne peu de gaz et de flamme en brûlant. L'anthracite s'extrait à la Mure, dans l'Isère; on en trouve aussi beaucoup en Amérique.

Le *lignite* et la *tourbe* sont des combustibles moins purs et moins employés. Une belle variété de lignite appelée *jais*, d'un noir foncé (noir comme du jais),

[1] Il y avait en France, en 1867, 598 mines de houille. « Les couches minces exploitées en une seule fois ont de 0,30 à 3 mètres ; au delà de 8 mètres, il faut décomposer la couche en tranches, qu'on exploite consécutivement. La grande couche de Decazeville atteint 66 mètres de puissance. »

(BADOUREAU, *Revue scientifique*, 1885.)

sert parfois à faire des objets de deuil. La *tourbe*, qui s'extrait dans les marais ou dans les vallées de certaines rivières, dégage en brûlant peu de chaleur, mais donne beaucoup de fumée et d'odeur.

102. B. Charbons artificiels. — Charbon de bois. — Le bois incomplètement brûlé ou distillé donne un

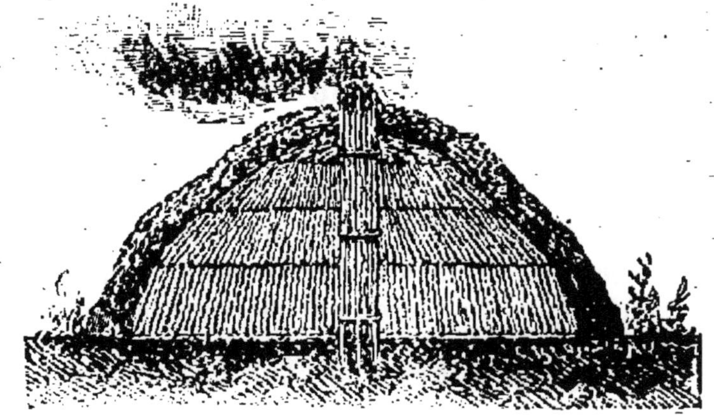

Fig. 57. — Carbonisation du bois en meules.

charbon souvent employé comme combustible. On le prépare dans les forêts avec des bûches de hêtre (*fagus*); de là son nom vulgaire de charbon de *faux*.

Dans le procédé des *meules* (fig. 57), les bûches de bois taillées à la même longueur sont dressées sur le terrain, puis empilées par tas superposés. La meule de bois est recouverte de gazon, avec des ouvertures pratiquées à différentes hauteurs. Le feu une fois mis à la partie supérieure de la meule, on dirige son action jusqu'à ce que cette distillation faite en plein air ait atteint la couche de bois qui repose sur le sol.

Ce charbon conserve la forme du bois; il résonne au choc, noircit les doigts et brûle en donnant beaucoup de chaleur. Le fusain et la braise de boulanger sont des variétés de charbon de bois.

Expérience. — Si on chauffe dans un tube en verre

ou en métal un peu de sciure de bois, on voit se dégager une fumée que l'on peut enflammer; il reste dans le tube, après l'expérience, du bois calciné et noir comme le charbon des meules (fig. 58).

Fig. 58. Distillation du bois.

103. Noir animal. — Les os calcinés en vases clos donnent une variété de charbon qui n'est pas combustible; c'est le noir animal, mélange de charbon très divisé et de sels de chaux dont on pourrait extraire du phosphore (92).

Cette variété de charbon décolore les liquides, tels que le tournesol et le vin : on l'emploie beaucoup dans les fabriques de sucre pour clarifier le jus de la betterave.

Expériences. — 1. Si on jette du noir animal dans un verre qui contient du vin rouge ou du tournesol et que, après quelques heures, on filtre la liqueur, on obtient une liqueur complètement décolorée.

Fig. 59. — Le noir animal fait effervescence aux acides.

2. Le noir animal jeté dans l'eau acidulée par un acide donne une effervescence, à cause du carbonate de chaux qu'il contient et qui provient des os (fig. 59).

104. Noir de fumée. — Le noir de fumée (noir d'Anvers ou noir d'ivoire) est du charbon encore plus divisé, mais plus pur.

Expériences. — 1. On obtient du noir de fumée dans l'industrie en brûlant incomplètement des matières grasses ou résineuses. La fumée que donnent ces matières dépose sur les parois d'une chambre la suie qu'elle contient : c'est le noir de fumée (fig. 60).

On reproduit cette opération en faisant brûler sur une soucoupe quelques gouttes d'essence de térébenthine.

Fig. 60. — Préparation du noir de fumée.

Les fumées qui se dégagent se déposent sur l'entonnoir qui recouvre la flamme; on peut, une fois la combustion achevée, vérifier les propriétés de ce charbon.

2. Délayé dans l'eau et plus facilement encore dans l'alcool, ce noir de fumée forme une encre avec laquelle on peut écrire. L'*encre de Chine* solide ou liquide est une préparation au noir de fumée.

3. Délayé dans une goutte d'huile, ce noir donne une encre grasse analogue à l'*encre d'imprimerie*. Il suffit, d'ailleurs, de mettre une soucoupe sur la flamme d'une bougie pour qu'elle se recouvre d'une couche de noir de fumée.

4. Les caractères tracés avec ces encres au charbon ne subissent pas, comme l'écriture à l'encre ordinaire,

l'action décolorante du chlore. Deux bandes de papier que portent des lettres faites avec chacune de ces encres étant placées sur une assiette et lavées avec une dissolution de chlorure de chaux (65), on voit bientôt l'encre ordinaire jaunir et disparaître, tandis que l'encre au noir de fumée ne s'altère pas.

105. Coke. — La houille, distillée ou chauffée en vases clos, donne une variété de charbon grise, sonore, et souvent boursouflée. Le coke est du charbon assez pur qui dégage, en brûlant, beaucoup de chaleur. Sa préparation est l'objet d'une industrie spéciale, fort développée dans les centres houillers, qui livrent ensuite leurs produits à la métallurgie.

II. — Acide carbonique

106. L'acide carbonique, que nous avons déjà produit et observé (14.1), est le résultat de la combinaison du carbone et de l'oxygène. C'est un gaz fort répandu. Son étude se rattache à chacun des trois règnes de la nature, car on le trouve dans le règne *minéral* : les volcans et certaines sources gazeuses en dégagent constamment, et bien des roches en contiennent en combinaison à l'état de carbonates; les *animaux* produisent tous de l'acide carbonique en respirant (38.2), et les *végétaux* ne croissent qu'en décomposant ce gaz, qu'ils empruntent à l'atmosphère (112). Il est donc peu de corps qui occupent une place plus importante dans l'étude de la nature.

Fig. 61. — Préparation rapide d'acide carbonique.

107. Préparation. — 1. *Tout* acide versé sur de la

craie donne de l'acide carbonique; une coquille d'œuf plongée dans le vinaigre se couvre de bulles de gaz carbonique.

On observerait rapidement les propriétés de ce gaz en mettant un bâton de craie dans un tube à essais plein d'eau acidulée (fig. 61). Le tube, retourné sur un verre d'eau, se remplit de gaz carbonique qui fait peu à peu descendre l'eau.

2. On obtient un dégagement régulier d'acide carbonique en mettant de la craie, du marbre ou de la pierre de taille dans un flacon disposé comme pour l'hydrogène (17.2). L'acide chlorhydrique ou sulfurique qu'on introduit dans l'appareil donne aussitôt un dégagement d'acide carbonique. Ce gaz se recueille sur l'eau.

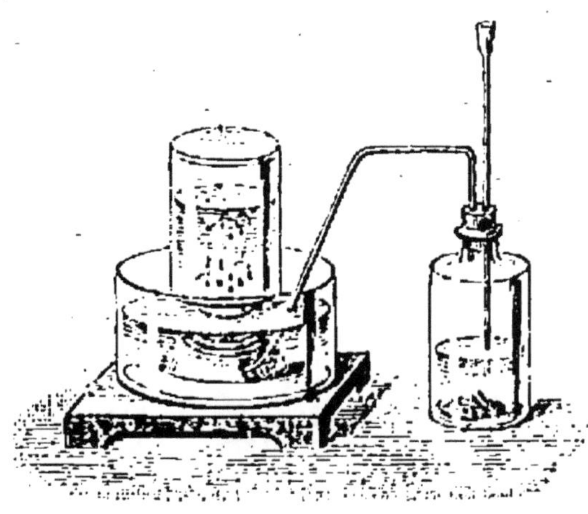

Fig. 62. — Préparation ordinaire de l'acide carbonique.

Explication. — Le tableau suivant rend compte de cette préparation :

AVANT L'EXPÉRIENCE		APRÈS L'EXPÉRIENCE
Carbonate de chaux.	*Acide carbonique,*	qui se dégage.
	Chaux. }	*Sulfate de chaux,* qui reste dans le flacon.
Acide sulfurique. }		

108. Propriétés physiques. — 1. Le gaz carbonique est *soluble* dans l'eau, pas assez toutefois pour empêcher de le recueillir sur l'eau.

Expériences. — (*a*) Un tube à essais ou un flacon à goulot étroit est rempli d'acide carbonique; on le ferme avec le pouce, tandis qu'il repose sur l'eau, puis on l'agite, et dès qu'on le replace sur l'eau, on voit le liquide s'élever par suite de la dissolution du gaz. Après avoir plusieurs fois répété ce mouvement, on arrive à remplir complètement d'eau l'éprouvette. Un litre d'eau, sous la pression ordinaire, dissout un litre d'acide carbonique.

2. Les siphons d'eau de Seltz, les flacons de limo-

Fig. 63. — Dégagement du gaz de l'eau de Seltz.

nades, les bouteilles de champagne renferment de l'acide carbonique *sous pression*; aussi ces différentes liqueurs jaillissent-elles sous l'effort du gaz, dès qu'il s'est ouvert une issue.

Il serait facile de retirer d'un flacon d'eau de Seltz tout le gaz qu'il contient en faisant déboucher sous une cloche ou un bocal plein d'eau et retourné sur la cuve à eau le jet d'eau de Seltz amené par un tube de caoutchouc (fig. 63).

109. 3. Le gaz carbonique est plus *lourd que l'air* (D = 1,529).

Expériences. — (*a*) On *verse* dans une éprouvette pleine d'air le gaz carbonique renfermé dans une éprou-

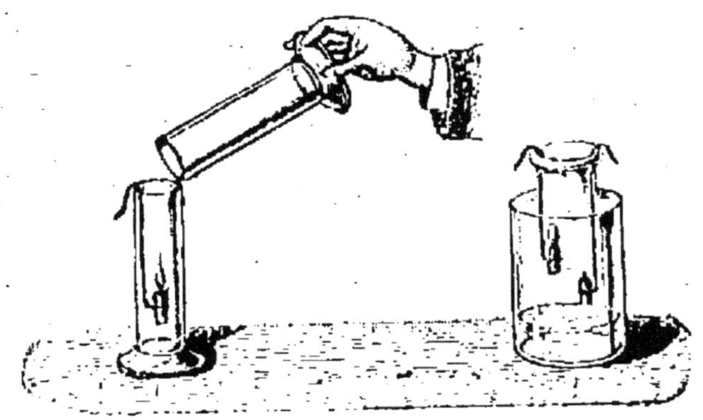

Fig. 64. — Le gaz carbonique est plus lourd que l'air.

vette de même volume, puis on y introduit une bougie ou une allumette, et on les voit s'éteindre (fig. 64).

(*b*) On peut encore faire arriver un peu d'eau de Seltz à l'aide d'un tube au fond d'un flacon. Une bougie qu'on y fait descendre reste allumée près de l'ouverture du bocal, mais elle s'éteint plus bas. L'acide carbonique et l'air se superposent donc, dans le bocal, comme le feraient l'eau et l'huile.

PROPRIÉTÉS CHIMIQUES

110. Caractères de l'acide carbonique. — L'acide carbonique n'est ni combustible, ni comburant, ni respirable ; c'est, de plus, un acide faible. Vérifions chacune de ces propriétés par autant d'expériences.

1. Ce gaz n'est pas *comburant*, puisqu'une bougie s'éteint dans l'acide carbonique (38.2).

2. Il n'est pas *respirable* (38.1), puisqu'un oiseau périt asphyxié dans un bocal plein de ce gaz. Ce gaz carbonique se dégage au-dessus des cuves où se fait la fermentation de la bière ou du vin; aussi bien des fois des ouvriers ont péri en respirant cette atmosphère délétère. — Ce gaz s'échappe aussi du sol de certains terrains volcaniques. Il existe près de Naples une grotte où se produisent de semblables émanations. Un chien qu'on entraîne dans cette atmosphère tombe asphyxié, tandis que celui qui le tient n'éprouve pas de gêne de respiration, parce que l'acide carbonique ne monte pas jusqu'à sa poitrine. — Il est donc prudent, avant de descendre dans un puits où l'on soupçonne la présence du gaz carbonique, d'y faire descendre une bougie. Si on la voit s'éteindre, l'atmosphère est irrespirable.

111. 3. Ce gaz est un *acide*. Il agit, en effet, sur le tournesol et sur les bases.

Expériences. — (*a*) Quelques gouttes de *tournesol* versées dans une éprouvette d'acide carbonique passent du bleu violacé au rouge de vin. L'eau de Seltz donne une coloration un peu plus marquée.

(*b*) De l'eau de *chaux* limpide se trouble, soit quand on la verse dans une éprouvette d'acide carbonique, soit quand on y fait arriver de l'eau de Seltz. On dit, à cause de cela, que l'acide carbonique *blanchit* l'eau de chaux. On fait disparaître ce précipité soit en ajoutant une goutte d'acide chlorhydrique, soit en introduisant encore un peu d'eau de Seltz [1].

[1] *Circulation de l'acide carbonique.* — « N'est-ce pas un spectacle plein de grandeur que celui que la nature nous offre, dans la sublime simplicité de ses moyens? L'eau des pluies, chargée de l'acide carbonique de l'air, tombe sur nos collines calcaires; elle s'y charge d'une parcelle de carbonate de chaux, qu'elle verse dans la Seine; portée dans l'Océan, des courants réguliers l'entraînent, et bientôt, saisie par des animaux microscopiques, elle ajoute une pierre imperceptible à l'édifice de ces empires nouveaux (les îles de coraux) qui s'y préparent pour l'avenir de l'humanité. »

(J.-B. DUMAS, *Éloges*, I, 30.)

112. 4. La facile *décomposition* de l'acide carbonique constitue sa propriété la plus remarquable et la plus importante.

L'acide carbonique répandu dans l'air (36.37) se décompose, en effet, complètement en *carbone* et *oxygène* sous la double influence des parties vertes des plantes et de la lumière du soleil. Par cette complète décomposition, la divine Providence a pourvu à la fois et au développement des plantes, qui fixent et conservent dans leurs tissus le carbone qui nous sert ensuite pour le chauffage (102), et aussi à la respiration des animaux, qui ne sauraient vivre dans une atmosphère trop chargée d'un gaz irrespirable. Ce seul phénomène, qui se produit incessamment, assure donc l'existence et la conservation des êtres appartenant aux deux règnes animal et végétal.

Nous avons vu qu'une bougie s'éteint, qu'une souris périt sous une cloche ou dans une atmosphère limitée (37). Mais si, répétant une expérience de Priestley, on met sous la même cloche une souris et une plante de menthe, l'animal continue de respirer à l'aise; car l'acide carbonique qu'il dégage et dans lequel il périrait bientôt asphyxié étant décomposé par les feuilles de la plante, il respire toujours la même quantité d'air pur. En réalité, la plante se développe grâce au gaz carbonique expiré par la souris.

OXYDE DE CARBONE

113. Propriétés. — L'oxyde de carbone est une combinaison du carbone qui renferme moins d'oxygène que l'acide carbonique. C'est ce gaz que l'on voit brûler avec sa flamme bleue à la surface des charbons rouges ou du coke qui remplit un foyer.

L'oxyde de carbone n'a ni odeur, ni saveur, ni couleur; il n'en est que plus redoutable, car c'est un poison et son action est d'autant plus prompte,qu'elle est d'abord insensible (89).

Ce gaz prend naissance quand l'acide carbonique, résultat de la combustion complète du carbone, passe sur des charbons rouges. S'il brûlait toujours complètement, il serait beaucoup moins dangereux; mais une partie du gaz formé échappe à la combustion, et si le foyer est exposé à l'air libre, si, par exemple, c'est un réchaud allumé dans une salle, il est fort à craindre qu'il n'empoisonne l'atmosphère. Une fort petite quantité d'oxyde de carbone suffit pour occasionner la mort. Aussi, dans ces conditions, est-il prudent de tenir la salle ouverte et de placer le réchaud dans un courant d'air; mais il devient nécessaire de quitter cette atmosphère viciée dès qu'on éprouve des maux de tête.

L'oxyde de carbone joue un rôle important dans l'industrie; il sert, en effet, à retirer les métaux de leurs oxydes dans les opérations métallurgiques.

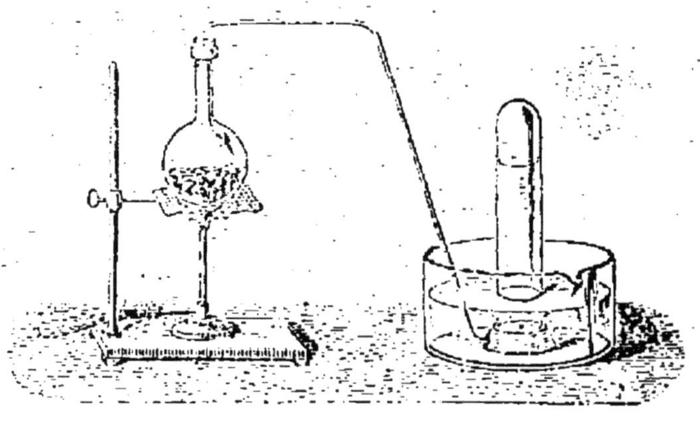

Fig. 65. — Préparation d'oxyde de carbone.

Préparation. — On obtient de l'oxyde de carbone pur en chauffant dans un *petit* ballon quelques grammes de prussiate jaune de potasse pulvérisé avec cinq fois plus environ d'acide sulfurique concentré.

Le gaz, qui est insoluble, est recueilli sur l'eau.

Expériences. — 1. Constatez que cet *oxyde* ne modifie pas la couleur du tournesol.

2. Ce gaz est *combustible.* Une flamme approchée de l'ouverture de l'éprouvette l'allume et donne une belle flamme bleue.

3. L'eau de chaux, versée dans l'éprouvette quand la combustion est achevée, donne un précipité blanc. L'oxyde de carbone forme donc de l'*acide carbonique* en brûlant (111).

4. Ce gaz n'est pas *comburant.* Une mèche allumée plongée dans une éprouvette d'oxyde de carbone s'y éteint, mais elle se rallume en traversant la flamme qui brûle à l'ouverture de l'éprouvette (19.1).

CHAPITRE XI

CARBURES D'HYDROGÈNE

Gaz des marais. — Gaz de l'éclairage.

I. — Gaz des marais

114. Synonymes. — Ce gaz est désigné en chimie sous différents noms. On l'appelle *gaz des marais,* parce qu'il se dégage parfois de la vase des marais; *protocarbure d'hydrogène,* comme étant le premier degré de la combinaison du carbone avec l'hydrogène. Le nom *d'hydrogène protocarboné* a la même signification. Les mineurs, qui rencontrent ce gaz détonant

dans les galeries de mines au charbon, lui donnent le nom de *grisou* et de *feu grisou.*

Propriétés. — Si ce gaz ne se rencontrait que dans les marais, il serait peu nécessaire d'en étudier les propriétés. Mais il se trouve encore dans le gaz de l'éclairage; il sort à fleur du sol dans certaines contrées; il s'échappe surtout des blocs de charbon qu'abat le pic du mineur. Il est donc fort répandu; aussi devient-il fort utile de savoir les effets qu'il peut produire.

115. PROPRIÉTÉS PHYSIQUES. — Ce gaz domine en effet dans le gaz de l'éclairage; il lui communique son odeur et sa faible densité, tandis que le bicarbure d'hydrogène qui l'accompagne donne l'éclat à la flamme de ce gaz. Comme le protocarbure est deux fois plus léger que l'air, on emploie le gaz de l'éclairage pour gonfler les ballons.

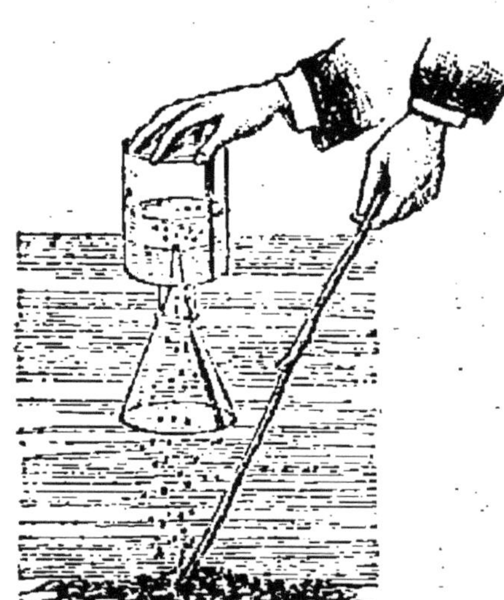

Fig. 66.
Extraction du gaz des marais.

Au point de vue *chimique,* le protocarbure est remarquable par son mode de combustion : il brûle avec une flamme pâle mais chaude; en outre, il détone en présence de l'oxygène ou de l'air.

116. COMBUSTION. — Les lampes spéciales employées dans les laboratoires de chimie pour brûler complètement le gaz de l'éclairage donnent en effet une flamme pâle, mais d'une température élevée.

On trouve, en certains pays, des sources intarissables de gaz des marais, qui s'échappent du sol et qu'on dirige, comme le gaz de l'éclairage, au moyen d'une canalisation souterraine pour l'utiliser dans l'industrie ou dans les maisons particulières[1]. On rencontre de ces jets de gaz en Italie, en Perse et au Mexique. La vase de nos marais, remuée avec un bâton (fig. 66), donne pareillement des bulles de ce gaz combustible, qu'on peut recueillir dans un flacon.

117. Détonation. — Un mélange de gaz des marais ou de gaz de l'éclairage et d'air fait dans un flacon détone à l'approche d'une bougie. Les effets de cette détonation seraient autrement dangereux si le volume du mélange était plus grand.

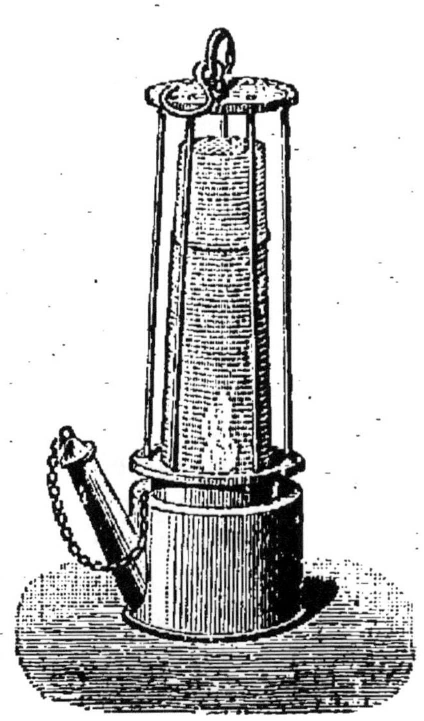

Fig. 67. — Lampe de Davy.

L'ouvrier qui pénètre dans une galerie de mines de charbon envahie par le grisou s'expose aux dangers de ces explosions. Une flamme *nue* allumerait le mélange et produirait une flamme qui brûle, une détonation qui brise et écrase, tandis qu'à lui seul le gaz suffirait pour l'asphyxier[2]. Si, au con-

[1] Aux environs de Pittsburg (États-Unis), d'énormes tuyaux en fonte, hauts comme des cheminées de fabrique, sont implantés dans le sol. Les torrents de gaz qui s'en échappent, allumés une fois pour toutes, projettent jour et nuit des colonnes d'une lumière fort brillante qui éclairent le pays.

[2] Le 7 avril 1879, à Frameries (Belgique), une colonne de feu

traire, il emploie la *lampe de sûreté* de Davy avec sa flamme enveloppée d'une toile métallique, une flamme pâle et bleuâtre s'allume dans sa lampe; mais, la combustion ne se propageant pas à l'intérieur, l'ouvrier ne court d'autres dangers que ceux qui résultent de son séjour dans une atmosphère viciée.

II. — Gaz de l'éclairage

118. Ce gaz est aujourd'hui assez répandu pour qu'il soit facile d'en vérifier partout les propriétés principales. Nous allons les faire connaître, avant d'indiquer son mode de préparation.

Propriétés du gaz de l'éclairage. — Les propriétés principales du gaz d'éclairage sont qu'il est léger, odorant, combustible et détonant.

Expériences. — 1. Un ballon de papier légèrement imprégné de pétrole se gonfle aisément de gaz de l'éclairage et s'élève dans l'air, en vertu de la légèreté du gaz (D = 0,5.)

2. C'est précisément parce qu'il est léger que ce gaz se conserve difficilement dans une enveloppe en caoutchouc ou en papier.

3. Un tube de verre adapté à un tuyau de gaz et plongé dans l'eau ne laisse s'échapper de bulles de gaz que s'il plonge d'un centimètre environ dans l'eau. On en conclut que le gaz circule dans les tuyaux sous une faible pression.

s'échappa du puits d'une mine, remplissant la largeur du puits et montant jusqu'à 40 mètres au-dessus du sol. Quand cette gerbe de flamme eut brûlé, l'air rentra dans les galeries de mine, et dans l'épouvantable explosion qu'il provoqua, il y eut neuf détonations successives qui tuèrent 126 ouvriers. Les mêmes accidents se reproduisirent dans le même bassin houiller en février 1887. On ne sera point tenté de regarder ces chiffres comme fabuleux ou même exagérés, si l'on se rappelle que le grisou s'échappe parfois des roches sous une pression évaluée à 16 atmosphères.

4. Un jet de gaz de l'éclairage allumé au bout d'un tube de verre brûle avec plus d'éclat si on l'introduit dans un flacon d'oxygène (14); il brûle avec une flamme fumeuse dans un flacon de chlore (64). Il s'éteint, au contraire, si on le plonge dans un flacon d'acide carbonique ou au-dessus de l'eau de Seltz (110.1).

119. Préparation. — Le gaz de l'éclairage provient de la distillation de la houille grasse (100). Cette opération se fait à chaque instant dans nos foyers, sans qu'il nous soit possible d'y recueillir le gaz, puisqu'il brûle aussitôt que produit, mais elle peut se réaliser fort aisément dans le fourneau d'une pipe.

Expériences. — On remplit la pipe de poussière de houille grasse. On ferme l'ouverture du pot avec de

Fig. 68. — Distillation de la houille.

la terre glaise qu'on laisse sécher, puis on expose au feu cette cornue improvisée (fig. 68).

On voit bientôt des fumées épaisses sortir par la tige de la pipe, elles sont jaunâtres et odorantes, mais elles sont aussi combustibles, et si on les allume, on obtient une flamme éclairante bien que fumeuse. En même temps des gouttes de goudron distillent du tuyau de pipe, et rendent intermittente la combustion du gaz.

Autant d'inconvénients qu'on ne pouvait éviter dans notre installation provisoire; mais, comme nous allons le voir, l'industrie, qui a reconnu chacun des défauts de notre appareil, y a porté remède.

120. Opération industrielle. — *Distillation.* — Les cornues *c*, *c* des usines à gaz sont en fonte ou en terre réfractaire; elles sont allongées en cylindres et

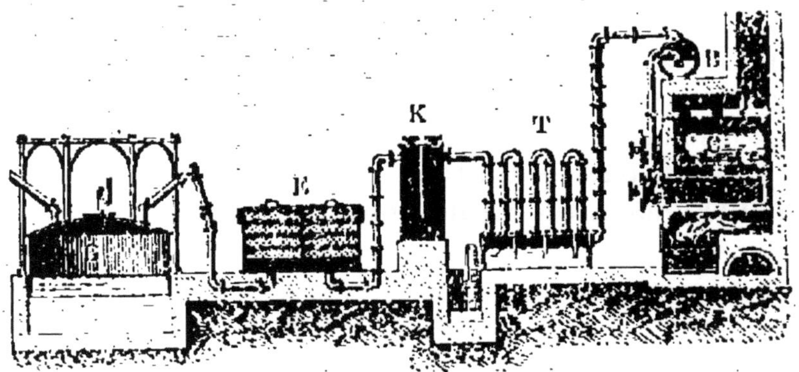

Fig. 69. — Préparation du gaz d'éclairage.

ne présentent que deux ouvertures pratiquées à leur partie antérieure : l'une plus large qui sert à les remplir, l'autre verticale qui laisse sortir le gaz. Chaque cornue est chargée de houille aux $^2/_3$ seulement, puis on ferme l'ouverture antérieure, et on chauffe au rouge-cerise. Il faut brûler 25 à 30 kilog. de charbon pour en distiller 100 kilog., dans une opération qui dure de 4 à 5 heures.

Ces 100 kilog. de charbon donnent environ 25 mètres cubes de gaz, 15 kil. d'eaux ammoniacales, 6 à 7 kil. de goudron. Il reste dans la cornue 50 kil. d'un coke boursouflé et facilement combustible (105).

121. Condensation. — Les produits liquides que donne cette distillation, les eaux ammoniacales et le goudron, se recueillent dans une première série de tubes B, T et K exposés au refroidissement, où ils se condensent. Les *eaux ammoniacales* servent à la fabrication d'engrais et à la préparation de l'ammoniaque. Le *goudron* est soumis à différentes opérations qui permettent d'en extraire les plus riches couleurs.

122. ÉPURATION. — Les gaz nuisibles qui ne sauraient se condenser, et qui se trouvent toujours mêlés aux gaz utilisés pour l'éclairage, sont arrêtés au passage dans des cuves E remplies de sulfate de fer et de chaux. On obtient ainsi un gaz épuré, et si on n'est pas parvenu à le rendre inodore, du moins l'a-t-on débarrassé du gaz sulfhydrique, qui est fort insalubre et qui noircirait les peintures des appartements.

123. CLOCHE A GAZ. — Pour recueillir et conserver le gaz de l'éclairage, on emploie dans l'industrie de vastes cloches en tôle G, qui, primitivement pleines d'eau et reposant toujours sur l'eau d'une citerne où elles sont immergées, s'élèvent ou s'abaissent suivant le volume de gaz qu'elles reçoivent. Une canalisation souterraine qui rayonne autour de la cloche distribue ce gaz à domicile, comme les artères portent le sang du cœur jusqu'aux extrémités des membres.

LIVRE II

Les métaux et leurs principaux composés.

CHAPITRE I

MÉTAUX

Propriétés générales. — Métallurgie. — Alliages.

I. — Propriétés générales des métaux

124. Qu'est-ce qu'un métal? — Un métal est, pour le chimiste, un corps simple qui se combine avec l'oxygène pour former une base (44).

Il résulte de cette définition que tous les métaux forment des sels, et que par suite tous sont solubles dans un ou plusieurs acides (46). Nous avons vu en effet le zinc (72.87), le fer (72.87), le cuivre (51) se dissoudre dans les acides sulfurique et azotique; l'étain et l'or se dissolvent dans l'eau régale (73).

A ce caractère chimique des métaux s'en ajoutent d'autres, qui sont empruntés à leurs propriétés physiques. Ces corps sont tous solides, à l'exception du mercure, qui est liquide à la température ordinaire. En outre, les métaux conduisent bien la chaleur et l'électricité; de plus, exposés à la lumière, ils prennent, s'ils sont polis, un vif éclat [1].

[1] « Les métaux, écrivait J.-B. Dumas, ont leur place dans les cieux de la mythologie poétique et dans le firmament de l'astronomie posi-

125. Propriétés physiques des métaux. — D'ailleurs, afin de mieux faire connaître les caractères de ce groupe de corps, nous allons étudier leurs principales propriétés.

Densité. — La densité des métaux se prend par rapport à l'eau. On sait (4) que si la densité d'un métal tel que le plomb est 11, cela signifie que, à volume égal, ce métal pèse 11 fois plus que l'eau. Un centimètre cube de plomb pèse donc 11 grammes.

On peut ranger les métaux en trois classes, d'après leur densité.

1. Les premiers sont plus *légers que l'eau*, tels sont en particulier le potassium et le sodium. Un fragment de l'un de ces métaux projeté sur l'eau *surnage* et brûle au-dessus de ce liquide (fig. 7).

Fig. 70. — Métaux plus légers que l'eau.

2. Les seconds sont plus *légers que le mercure*, dont la densité est 13,6. Aussi flottent-ils sur ce liquide.

Tels sont le zinc, le fer, l'étain, le nickel, le cuivre, l'argent et même le plomb, c'est-à-dire presque tous les métaux usuels. Quelques gouttes de mercure suffisent pour vérifier cette propriété.

3. Certains métaux rares ou précieux sont enfin plus *lourds que le mercure*. Tels sont l'or et le platine, le plus lourd des métaux et de tous les corps.

On voit par là que presque tous les métaux sont

tive : l'or, l'argent, le cuivre, le fer, le plomb, le vif-argent, c'est le soleil, la lune, les planètes, c'est Apollon, Diane, Vénus, Mars, Saturne ou Mercure. » Ainsi, dans l'antiquité, les noms des principales divinités se donnaient indifféremment aux astres, aux métaux ou aux jours de la semaine. On retrouvera aisément des vestiges de cette nomenclature primitive dans quelques expressions chimiques qui nous ont été léguées par l'alchimie, et que le langage usuel a conservées.

plus lourds que l'eau. On conçoit également qu'avec un même poids de métal on obtiendra des fils d'autant plus longs, pour une section donnée, que la densité du métal employé sera plus faible.

126. ACTION DE LA CHALEUR. — La chaleur peut fondre et volatiliser les métaux, mais ces phénomènes de fusion et d'ébullition des métaux se font à des températures déterminées pour chacun d'eux.

On peut faire, au sujet de la *fusion* des métaux, les remarques suivantes :

1. Il y a quelques métaux qui fondent en dessous de 100°, température de l'eau bouillante. Le mercure solidifié fond à — 39°; le potassium mis dans un tube d'essai fond à 55°, comme de la cire, et le sodium à 95°.

2. Il y a trois métaux usuels plus facilement fusibles : l'*étain* ($f = 235°$), dont les gouttes tombent sur le papier sans le roussir; le *plomb* ($f = 335°$), qu'on peut fondre à la flamme d'une bougie, dans une cuiller de fer; enfin le zinc, qui ne fond qu'à 410°.

3. L'argent ($f = 1000°$), le cuivre ($f = 1050°$), l'or (1250°), fondent plus facilement que le fer ($f = 1500°$).

Expérience. — Ces températures n'ont cependant rien d'excessif, elles se trouvent réalisées par la flamme d'une bougie; aussi un fil suffisamment fin de chacun de ces métaux fond-il dès qu'on en place la pointe dans la zone extérieure d'une flamme. Le platine ne fond qu'au-dessus de 1700°. — Un morceau de papier d'étain étendu sur une carte de visite fond à l'approche de la flamme d'une bougie.

La plupart des métaux se *volatilisent* aisément, plusieurs peuvent même s'enflammer.

Expériences. — Le mercure bout à 325°, une pièce de cuivre bien propre qu'on a fait blanchir en la frottant au mercure reprend son premier aspect en la mettant au feu, parce que le mercure se volatilise. — Une lame de *cuivre* mise dans la flamme de l'alcool la colore en vert. — Un fil de fer trempé dans le *zinc* fondu donne une flamme brillante, si on le plonge ensuite dans la flamme de l'alcool. — On trouve dans le commerce des fils de *magnésium*, qui donnent une flamme éblouissante dès qu'on les allume, et il suffit pour cela d'une simple allumette.

127. Propriétés chimiques des métaux. — Les principales propriétés chimiques des métaux se résument dans leur action sur l'air et sur l'eau.

Action de l'air sur les métaux. — Nous supposons l'air ordinaire avec son acide carbonique et son humidité.

(*a*) Il existe d'abord des métaux qui ne s'altèrent pas à l'air, comme le platine et l'argent, qui restent blancs; l'or, qui reste jaune. Ce sont les métaux *nobles*.

(*b*) D'autres, au contraire, se ternissent aussitôt qu'on les expose à l'air. Tels sont le potassium et le sodium, dont la surface récemment coupée perd bientôt tout éclat. Laissés à l'air, ces métaux se transforment en oxydes; aussi devient-il nécessaire de les conserver dans la benzine.

(*c*) Parmi les métaux usuels, le *cuivre*, le *plomb* et le *zinc*, exposés à l'air ou à la pluie, se couvrent d'une couche d'oxyde terne et imperméable, tandis que le *fer* se rouille, et cette couche d'oxyde poreuse se détache par plaques rouges, si bien que peu à peu le métal finit par être complètement usé ou brûlé (16).

128. Action de l'eau sur les métaux. — (*a*) Les métaux *nobles* n'exercent aucune action sur l'eau, à aucune température.

(*b*) Les métaux plus *oxydables*, comme le potassium et le sodium, décomposent l'eau à la température ordinaire; mais, tout en absorbant son oxygène, ils abandonnent son hydrogène (44).

Expériences. — Un morceau de potassium est jeté sur l'eau, il y flotte parce qu'il est plus léger (125) que ce liquide; il fond et forme une perle qui roule sur l'eau, parce que ce métal est facilement fusible (126); en outre, il donne une flamme, qui est celle de l'hydrogène. Cette flamme est colorée en rouge par les vapeurs du potassium, en jaune par celles du sodium. — Enfin le globule disparaît en se dissolvant dans l'eau, parce que le métal donne une base soluble. Et, en effet, une goutte de ce liquide suffit pour ramener au bleu la teinture rougie de tournesol (44).

Fig. 71. — Combustion du potassium sur l'eau.

(*c*) Enfin d'autres métaux, tels que le fer et le zinc, décomposent l'eau à une température élevée ou en présence des acides (17).

II. — Notions de métallurgie

120. Minerais. — Les arts et l'industrie des peuples civilisés ne se comprennent plus aujourd'hui sans l'emploi des métaux appelés usuels, et cependant ces métaux, qui sont devenus pour l'homme les auxiliaires les plus précieux, le fer en particulier, qui est si indispensable à tous les métiers, ne se trouvent pas tout préparés dans la terre. Ils sont rares les métaux que l'on rencontre à l'état de pureté et qu'il suffit de faire fondre pour les approprier à nos divers besoins. L'or, l'argent, le cuivre et le mercure sont, en effet, les seuls métaux qui existent à l'état natif; encore les trois derniers se trouvent-ils surtout à l'état de sulfures.

Les autres métaux, et particulièrement le fer, le plomb, le zinc et l'étain, ne se trouvent qu'à l'état de combinaison. Parfois ces composés renferment de l'oxygène ou du soufre : ce sont les oxydes et les sulfures métalliques, ou encore de l'acide carbonique, qui forme des carbonates. On donne le nom de *minerais* aux composés d'où l'on extrait les métaux.

130. Métallurgie. — Encore faut-il ajouter que ces minerais sont rarement sans mélange d'autre corps; il faut donc les séparer des corps étrangers appelés *gangues,* qui leur sont associés dans les terrains où on va les chercher. Aussi tout minerai doit être soumis à deux sortes de traitements : un traitement *mécanique,* destiné à séparer la gangue inutile du minerai utilisable, et un traitement *chimique,* qui a pour but de séparer du métal l'oxygène, le soufre ou l'acide carbonique qui lui était combiné.

Le traitement *mécanique* repose sur cette propriété des gangues d'être plus légères, comme les terres ordinaires, que les composés métalliques. Aussi les minerais enveloppés de gangues, après avoir été broyés et pulvérisés, sont lavés par un courant d'eau qui entraîne les poussières légères de la gangue et laisse agglomérés les débris de minerais.

Le traitement *chimique* varie avec la nature du minerai. Pour n'en citer ici qu'un exemple plus facile à saisir, prenons un oxyde, tel que l'oxyde de fer. Ce minerai fort commun, que l'on désigne, suivant son état, sous les noms de limonite, de fer oligiste ou d'hématite, chauffé avec du charbon en morceaux, abandonne son oxygène au charbon pour en faire de l'acide carbonique et de l'oxyde de carbone, et donne du fer, qu'on forge ensuite.

Le tableau suivant explique ces substitutions :

AVANT L'EXPÉRIENCE		APRÈS L'EXPÉRIENCE
Oxyde de fer.	*Fer,*	qu'on recueille.
	Oxygène.	*Acide carbonique,* qui se dégage.
Carbone.		

131. Expériences (fig. 72). — 1. Placez quelques grains de litharge (oxyde de plomb) dans un petit trou creusé dans une braise *c*, et dirigez sur cette cavité la flamme *F* d'une bougie en soufflant avec un tube effilé : vous verrez bientôt apparaître sur le charbon des grains brillants de plomb fondu. Ils proviendront de la réduction de l'oxyde par le charbon.

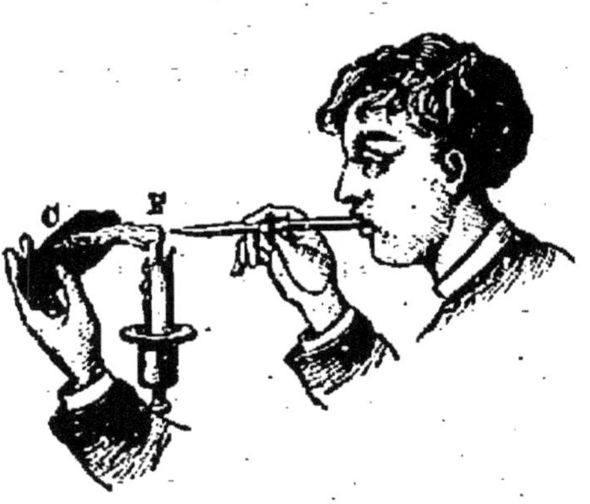

Fig. 72.
Réduction de l'oxyde de plomb.

2. Chauffez dans un tube à essais un mélange de charbon pulvérisé et d'oxyde de cuivre (fig. 73), et dirigez dans l'eau de chaux, à l'aide d'un tube, le gaz qui s'échappera

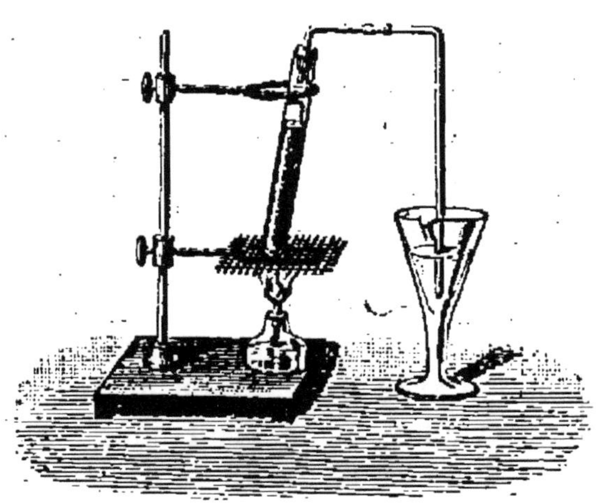

Fig. 73. — Réduction de l'oxyde de cuivre.

du mélange : vous remarquerez que l'eau de chaux blanchira (111). Il reste dans le tube des grains rouges de cuivre mélangés au charbon. Ces deux expériences montrent que les oxydes réduits par le charbon donnent un *métal* et de l'acide *carbonique*.

III. — ALLIAGES

132. QU'EST-CE QU'UN ALLIAGE? — Un alliage est un composé qui résulte de la fusion et de la combinaison de plusieurs métaux.

Expériences. — 1. Faites fondre dans une cuiller de fer 10 grammes d'étain et 5 grammes de plomb: vous obtiendrez par le mélange de ces métaux, aussitôt que le plomb sera fondu, un nouveau corps plus fusible que l'étain.

2. Faites plonger dans du mercure recouvert d'eau acidulée le bout d'une lame de zinc ou de cuivre, vous obtiendrez aussitôt un alliage ou amalgame de mercure et de l'un de ces métaux. La surface de ces métaux devient brillante; leur éclat augmente même si on les frotte avec un linge; mais en même temps ces deux lames sont devenues cassantes : elles se brisent dès qu'on essaye de les plier.

133. PRINCIPAUX ALLIAGES. — Les alliages sont des combinaisons qui communiquent aux métaux de nouvelles propriétés. Généralement les métaux qui entrent dans un alliage donnent des composés plus fusibles et plus durs.

Le cuivre, le plomb et le mercure sont les éléments principaux des alliages usuels.

Alliages de cuivre. — Combiné avec le *zinc*, le cuivre donne le *laiton* ou cuivre jaune, alliage plus raide que le cuivre rouge. On en fait des objets coulés, des feuilles, et surtout ce fil de laiton qui sert à fabriquer les épingles. Cette dernière industrie, aujourd'hui fort perfectionnée, produit des épingles blanchies et recouvertes d'étain. Son développement est tel en Europe, qu'on y fabrique pour 75 millions d'épingles, et la division de ce travail si parfaite, que 10,000 épingles ne reviennent pas à cinq centimes.—

Le maillechort est du laiton qui contient en outre du *nickel*[1].

Ces différents alliages se nettoient avec de l'eau aiguisée d'acide sulfurique.

Combiné avec l'*étain*, le cuivre donne le *bronze*, dont il existe bien des variétés : le bronze des *canons*, plus dur et plus résistant, contient peu d'étain; celui des *cloches*, plus sonore et plus cassant, en renferme deux fois plus. Le bronze *monétaire* contient du cuivre, de l'étain et du zinc.

Le bronze se nettoie avec l'acide azotique. Essayez sur un sou.

Combiné avec l'*or* et l'*argent*, le cuivre donne des alliages plus durs que les métaux purs. Ils servent à fabriquer les monnaies précieuses et les pièces d'orfèvrerie.

134. **Alliages de plomb.** — Le plomb allié à l'*étain* donne la poterie d'étain et la soudure employée par les zingueurs pour souder les feuilles de zinc. L'alliage obtenu en fondant ensemble une partie d'étain et quatre à cinq de plomb brûle comme de l'amadou. — Allié à l'*antimoine*, le plomb forme les caractères d'imprimerie, à la fois fusibles, résistants et d'un moulage parfait. — Avec l'*arsenic*, le plomb forme le plomb de chasse. Ce singulier alliage, qui ne contient que quelques millièmes (0,003-0,008) d'arsenic, doit à sa solidification subite de garder sa forme sphérique. Pour cela, on laisse tomber d'une certaine hauteur[2] dans l'eau le plomb fondu et divisé. Les gros grains de plomb s'obtiennent à une hauteur de 50 mètres.

135. **Alliage de mercure.** — Le *tain* des glaces est formé d'une couche brillante d'alliage appliquée à la

[1] Le nom de maillechort est formé de celui des deux ouvriers *Maillot* et *Chorier*, qui les premiers ont fabriqué cet alliage.

[2] Dans une usine de Nantes où se fabriquent les plombs de chasse, la tour d'où on laisse couler le plomb a 264 marches.

surface du verre ou du cristal. Le tain renferme de l'étain uni au mercure. La *piqûre* des vieilles glaces paraît due à la fois à une oxydation de l'alliage et à une cristallisation qu'il éprouve graduellement.

Expériences. — La composition du tain des glaces se reconnaît en chauffant dans un petit tube fermé à un bout un peu de tain enlevé à une vieille glace. La chaleur sépare les deux métaux (9). L'étain fondu se réunit en globule au fond du tube, tandis que le mercure volatilisé forme un dépôt brillant de petites gouttes, au-dessus du point que l'on a chauffé. Le globule d'étain s'aplatit facilement sous le choc du marteau.

CHAPITRE II

MÉTAUX ALCALINS

Potassium et sodium. — Potasse et soude. — Sel marin. — Carbonate de soude. — Salpêtre. — Poudre.

136. On appelle *métaux alcalins* certains métaux plus légers que l'eau (125), qui se dissolvent facilement dans l'eau en donnant une base qui ramène au bleu la teinture rouge de tournesol (44). Le potassium, le sodium et le calcium sont les trois principaux métaux alcalins. Les oxydes qu'ils produisent sont analogues à l'*alcali volatil* (58).

I. — Potassium et sodium

137. État dans la nature. — Ces deux métaux forment des sels très répandus dans la nature, surtout dans le règne végétal. Nulle part cependant on ne peut les rencontrer isolés, parce qu'ils se combinent ou qu'ils brûlent trop aisément. Sans être des métaux usuels, le potassium et surtout le sodium commencent à devenir chaque jour plus employés. En effet, le sodium, qui valait encore 2,000 francs le kilog. en 1851, ne vaut plus actuellement que 10 francs.

138. Propriétés physiques. — Bien que le potassium et le sodium soient deux métaux parfaitement distincts, ils se rapprochent par un grand nombre de propriétés communes.

Mous à la température ordinaire, ils se coupent au couteau comme du beurre et se façonnent entre les doigts comme de la cire. Légers comme du bois, ils flottent à la surface de l'eau. Comme la cire également, ils fondent à des températures inférieures à l'ébullition de l'eau (126).

139. Propriétés chimiques. — Par leur facile combustion, le potassium et le sodium rappellent, en les exagérant, les propriétés du phosphore (95).

Leur surface coupée fraîchement est brillante, mais elle se couvre bientôt d'un oxyde bleuâtre; jetés sur l'eau, ces métaux flottent et brûlent aussitôt. Ainsi, tandis que le phosphore se conserve dans l'eau, ces deux métaux brûlent au simple contact de l'eau; ils ne se conservent que dans la benzine, à l'abri de l'oxygène de l'air.

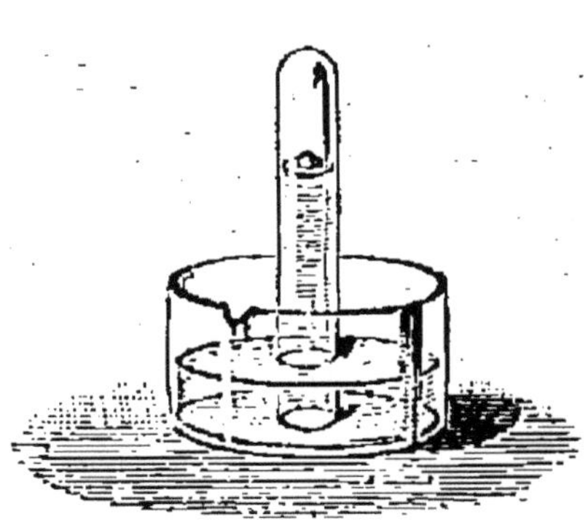

Fig. 74. — Décomposition de l'eau par le potassium.

Nous avons déjà vu (128) que ces métaux combustibles donnent sur l'eau une flamme qui est due en réalité à l'inflammation de l'hydrogène. Le potassium donne une flamme *pourpre*, tandis que le sodium fixé en un point donne une flamme *jaune*.

Expériences. — Pour recueillir ce gaz hydrogène, il suffit d'introduire dans une petite éprouvette pleine d'eau et placée sur l'eau un fragment de sodium enveloppé dans un morceau de papier buvard (fig. 74). La décomposition de l'eau se fait alors plus lentement et sans flamme, le métal se dissout dans l'eau, et l'hydrogène recueilli dans l'éprouvette peut ensuite être enflammé.

II. — Potasse et soude

140. Caractères chimiques. — La potasse et la soude sont les oxydes des deux métaux que nous venons d'étudier. L'industrie les fournit dans deux états différents : *solides*, on les débite en pastilles ou en plaques; d'autres fois, on se contente d'en préparer une dissolution concentrée et visqueuse appelée *lessive* alcaline. Ces lessives servent à la préparation des savons.

Ces différentes variétés de potasse et de soude sont des *oxydes* alcalins; elles constituent la soude ou la potasse *caustiques*. Il ne faudrait donc pas les confondre avec les carbonates de ces mêmes métaux. Cette erreur est d'autant plus facile, que l'on appelle communément, mais à tort, ces carbonates du nom de soude et surtout de *potasse*. Les expériences qui suivent permettent d'éviter cette confusion et cette erreur.

141. Expériences. — 1. Traitée par un acide, la potasse caustique produit une élévation de température, mais ne donne pas d'effervescence comme le carbonate de potasse.

2. La potasse caustique, même quand on l'emploie en petite quantité, ramène facilement au bleu le tournesol rougi. Le carbonate produit une action moins nette.

3. Une goutte d'huile agitée avec de la lessive de soude dans un verre s'y dissout parfaitement et

forme une sorte de savon, surtout si l'on chauffe la liqueur.

4. Un flocon de laine chauffé dans un ballon avec de la lessive de soude s'y dissout complètement. La peau et le cuir subiraient la même action.

Ainsi s'expliquent l'impression onctueuse que la potasse caustique laisse sur les doigts, et aussi l'emploi de ces oxydes alcalins comme *pierre à cautère,* pour empêcher le développement des ulcères.

III. — Sel marin

142. Synonymes. — Le corps que nous allons étudier est assurément le *sel* le plus universellement et le plus anciennement connu. Ce composé est, pour la chimie, du *chlorure de sodium.* Nous avons vu, en effet, qu'on en retire du chlore (69.60). Toutefois on le désigne le plus souvent sous les noms de sel *marin* ou de sel *gemme,* qui indiquent son origine ou son état, ou encore sous celui de sel de *cuisine,* qui rappelle son emploi le plus commun.

143. Propriétés physiques. — On reconnaît le sel de cuisine à tout un ensemble de caractères qui n'échappent à personne. On sait sa saveur, sa transparence, son décrépitement sur le feu, sa solubilité dans l'eau froide comme dans l'eau chaude; chacun a pu également observer la facilité avec laquelle il fond quand l'air est humide.

144. Propriétés chimiques. — Mais le sel est pour le chimiste du chlorure de sodium. Son emploi comme assaisonnement fait sa valeur dans l'économie domestique, tandis que sa composition explique son importance dans l'industrie. Le sel est, en effet, la seule source d'où nous retirions le chlore, et à la fois une des sources les plus abondantes qui produise la soude nécessaire à plusieurs industries.

Expériences. — Deux expériences vont nous permettre de rappeler ces deux usages principaux du sel dans l'industrie.

1. Un mélange formé de quelques grains de sel et de quelques gouttes d'acide sulfurique, auquel on ajoute un peu de manganèse, donne du *chlore* aussitôt qu'on chauffe le tube à essais où on l'a préparé.

2. Si, dans cette réaction, on se contente de verser de l'acide sulfurique sur le sel marin, on obtient du *sulfate de soude,* base de plusieurs industries chimiques (69).

Fig. 75.
Production du chlore.

145. Extraction. — Le sel, qui est si complètement et si fréquemment utilisé, est heureusement un des corps les plus répandus et les plus abondants de la nature. Il se trouve surtout en dissolution dans certaines eaux. Les eaux de la mer en particulier lui doivent une partie de leur saveur désagréable; mais, dans certains terrains, on rencontre aussi des bancs de sel cristallisé formant des roches épaisses et compactes. C'est le sel *gemme* ou sel en pierre.

La France tire le sel de ces deux centres d'extraction.

1. On prépare, dans les marais salants ou *salins* qui bordent les côtes de l'Océan et de la Méditerranée, du sel marin qui a toutes les propriétés du sel gemme, avec cette différence toutefois que celui-ci se trouve en blocs, en pierres transparentes et incolores, ou jaunâtres, ou encore violacées; tandis que l'eau de la mer abandonne par évaporation sur nos plages des cristaux de sel gris, qu'on dirige ensuite vers les raf-

fineries ou salines pour y être purifiés. Il y a sur nos côtes plus de 500 marais salants qui font du sel en faisant évaporer l'eau de la mer dans des mares

Fig. 76. — Marais salants.

peu profondes et de grande étendue, pour l'amonceler ensuite en *gerbes* (fig. 76.)

2. Le *sel gemme* s'extrait dans le Jura et dans la Meurthe-et-Moselle. Les mines d'Europe les plus célèbres par leur développement et leur ancienneté sont celles de Wiéliczka, dans la province de Galicie.

IV. — Carbonate de soude

140. Synonymes.— On donne à ce sel, fort employé dans le ménage et dans l'industrie, différents noms qui manquent parfois de précision ou d'exactitude.

On l'appelle *cristaux de soude* ou simplement *cristaux*, parce qu'il se présente en morceaux cristallisés (fig. 77) ; on dit encore *soude*, parfois même on le prend pour de la *potasse*, qui d'ailleurs a des propriétés peu différentes.

147. PROPRIÉTÉS. — Le carbonate de soude se vend en cristaux volumineux, chaque cristal isolé semble taillé en losange. Ces cristaux, transparents comme du verre quand ils sont humides, sont parfois recouverts plus ou moins complètement d'une poussière blanche qui est encore du carbonate de soude pur, mais desséché et effleuri.

Le carbonate de soude cristallisé contient, en effet, plus de 60 % d'eau, et ce liquide s'évapore graduellement dans une atmosphère sèche. Ce sel perd donc de son poids, et bien que cette farine qui en provient garde toutes les propriétés du sel de soude, le marchand a tout intérêt à conserver ce produit dans des tonneaux fermés ou humides, pour éviter la perte de poids.

Fig. 77. — Cristaux de soude.

Au point de vue chimique, on constatera aisément que ce carbonate fait effervescence aux acides, qu'il ramène au bleu la teinture de tournesol, et aussi qu'il est fort soluble dans l'eau, surtout si elle est chaude.

Expériences. — L'eau de chaux versée dans une dissolution de carbonate de soude bien claire donne un précipité blanc de craie. On prépare ainsi la *lessive* de soude (140). Cette lessive concentrée dissout les corps gras; aussi l'emploie-t-on pour le lessivage et surtout pour fabriquer le savon.

148. PRODUCTION DE LA SOUDE. — Un pays civilisé ne peut se passer de soude, pas plus que de savon. Voilà pourquoi l'industrie ne se lasse pas de recher-

cher de nouveaux procédés qui permettent d'en produire. La France demande ce sel de soude à différentes industries.

1. Les habitants des côtes de l'Océan ramassent sur la plage les herbes marines que le flot y a déposées; ils les font sécher, puis incinérer[1].

2. De leur côté, les charbonniers des régions boisées de l'Amérique et de la Russie brûlent leurs bois pour en utiliser la cendre.

3. En outre, dans nos centres industriels du nord de la France, les salins provenant de la calcination des résidus de mélasse sont également utilisés, parce qu'ils sont riches en soude et en potasse.

4. L'industrie retire enfin une grande quantité de soude du *sulfate de soude* (69).

Expériences. — 1. Jetez de la cendre de bois sur une toile carrée dont les bords seront fixés par des clous à un petit cadre (fig. 78), et faites passer de l'eau sur ces cendres, en reprenant plusieurs fois la

[1] *Soude de varechs.* — « Les barilleurs viennent tous les ans récolter les varechs et les goémons qui couvrent les rochers submergés de Chaussey (en face de Granville), et les brûler pour en faire de la soude. A cet effet, ils se disposent sur différents points de l'archipel, par ateliers de six hommes et construisent au centre du rayon qu'ils veulent exploiter une espèce de tanière où ils se retirent pendant la nuit. A mer basse, ils se rendent sur les rochers, les dépouillent de leurs fucus, et en forment de grands tas que soutiennent à la surface de l'eau les nombreuses vésicules aériennes de ces plantes marines. Ils dirigent ces espèces de radeaux vers le lieu qu'ils ont choisi, et après avoir mis leur récolte hors de la portée des vagues, ils l'étendent sur la grève. Lorsque la dessiccation des fucus est complète, ils y mettent le feu et recueillent les cendres dans un petit fourneau, où elles se fondent et se prennent en masses connues dans le commerce sous le nom de *soude de varechs*. Les feux des barilleurs, avec leur clarté rougeâtre pendant la nuit, leurs longues colonnes de fumée pendant le jour, produisent au milieu des rochers un effet très pittoresque; mais l'odeur de cette fumée est des plus désagréables. »

(QUATREFAGES.)

même eau pour obtenir une dissolution saturée. Vous retirerez ainsi de la cendre les sels solubles qu'elle renfermait.

2. Un peu de cette liqueur traitée par l'acide chlorhydrique donne l'effervescence que produisent les carbonates (107).

Fig. 78. — Lessive de soude.

3. Cette liqueur traitée par un lait de chaux donne une *lessive* de potasse (147).

Usages. — Le carbonate de potasse sert à faire les *savons mous*, et la soude les *savons durs*. On les emploie également dans la fabrication du *verre* (175).

V. — Poudre

149. La poudre est un mélange, à proportions variables, de salpêtre, de charbon de bois et de soufre pulvérisés. Le charbon (102) et le soufre (77) nous sont connus comme combustibles, il nous suffit donc d'étudier ici les propriétés du salpêtre.

Salpêtre. — *Synonymes.* — Le *salpêtre* porte encore un autre nom vulgaire, celui de *nitre;* mais la composition chimique de ce sel est mieux indiquée par les expressions d'*azotate* ou *nitrate* de potasse. Le salpêtre est donc de la potasse combinée avec l'acide azotique.

150. Propriétés. — Le salpêtre est un corps solide, blanc, en morceaux de grosseur variable, dont on voit aisément les aiguilles cristallines. Ce sel, nullement vénéneux, a une saveur fraîche.

Des raffineries spéciales de salpêtre, placées en

France sous la direction de l'État, produisent un sel parfaitement pur. On l'obtient actuellement en faisant réagir le chlorure de potassium sur le nitrate de soude, qui est le salpêtre naturel extrait du sol au Pérou et au Chili[1].

Les propriétés chimiques de ces deux nitrates de potasse ou de soude, et surtout les circonstances de leur facile décomposition, seront suffisamment indiquées par les expériences qui suivent. Le charbon et le soufre décomposent, en effet, ces deux nitrates en s'emparant de leur oxygène.

Fig. 79. — Combustion du soufre sur le salpêtre.

Expériences. — 1. Un grain de salpêtre mis sur un charbon ou une braise rouge brûle avec éclat.

2. Si dans un petit ballon (fig. 79) ou dans une capsule en tôle ou en cuivre, on fait fondre au feu du salpêtre sec, puis qu'on projette un morceau de charbon sur le sel fondu, on voit le charbon brûler avec flamme et ne disparaître complètement qu'après s'être totalement transformé en acide carbonique.

[1] Avant 1789, « à peine réussissait-on à extraire annuellement du sol de la France un million de livres de salpêtre. Au moment des guerres de la Révolution, on en tira 12 millions en 9 mois. » — « Qu'on nous donne de la terre salpêtrée, disait Monge, et trois jours après nous en chargerons les canons. » (ARAGO, *Monge.*)

Ce procédé économique, mais primitif, est actuellement abandonné : en France, on laisse le salpêtre au bas des murailles en mauvais état et on l'importe du Pérou, qui produit en moyenne 400,000 tonnes de nitrates par an. Ces mines sont situées à Tarapacu, à 1,000 mètres d'altitude.

3. Un morceau de soufre jeté dans le même ballon, sur le salpêtre fondu, donne une flamme bleue fort brillante.

4. Un mélange de 7 grammes de nitre, 1 gramme de charbon et 1 gramme de soufre mis dans une cuiller en fer et chauffé sur la flamme de l'alcool, entre en combustion comme la poudre. La limaille de zinc ajoutée à ce mélange donne une flamme plus brillante. Les feux de Bengale sont des mélanges qui ont une composition analogue.

181. Préparation de la poudre. — Cette dernière expérience nous donne la composition moyenne de la poudre. La poudre de guerre contient 75 p. de salpêtre, 12,5 p. de soufre et 12,5 p. de charbon.

Ces trois corps sont broyés une première fois séparément, puis ils le sont encore après avoir été mélangés. Déjà en 24 heures ils ont reçu 30,000 coups de pilon, et ont changé 12 fois de mortier, pour écarter tout danger de combustion spontanée. Le mélange est ensuite mis dans un tonneau, qui tourne pendant 12 heures, pour former une masse plus homogène.

On obtient ainsi un mélange de poussières aussi fines qu'intimement mêlées. Après avoir été humectée avec de l'eau, travaillée en galettes qu'on fait sécher, puis de nouveau broyée, la poudre est de nouveau mise dans un tonneau tournant pour rendre lisse chacun de ses grains.

182. Propriétés de la poudre. — *Expériences.* — 1. Une pincée de poudre mise sur un carré de papier blanc et enflammée brûle sans roussir le papier et sans laisser de résidu appréciable.

2. Dans un nouvel essai, on pourra constater qu'une allumette qui n'a plus qu'un point rouge met le feu à la poudre.

3. Un mélange de 3 p. de salpêtre, 1 de sciure de

bois et 1 p. de soufre mis dans une cartouche qu'on fait en roulant du papier, brûle avec une flamme vive. Des morceaux de cuivre, qu'on ajoute au mélange, y fondent pendant la combustion.

4. Filtrez une dissolution bouillante de poudre qu'on a jetée dans l'eau, afin de séparer le soufre et le charbon, vous pourrez reconnaître la présence du salpêtre, qui cristallisera dans l'eau filtrée et refroidie.

5. Renfermez dans un morceau de papier une *pincée* de poudre et une amorce : un coup de marteau fera détoner la poudre comme dans un fusil, sans le moindre danger.

CHAPITRE III

CHAUX ET SELS CALCAIRES

Chaux. — Carbonate et sulfate de chaux.

I. — CHAUX

153. Le calcium est un métal alcalin voisin du potassium et du sodium, mais beaucoup plus rare dans le commerce, et d'ailleurs sans emploi. La chaux est la base ou l'oxyde que forme ce métal en se combinant avec l'oxygène. Cette base, combinée à son tour avec l'acide carbonique, donne le *carbonate de chaux*, et avec l'acide sulfurique le *sulfate de chaux*. Ces trois composés sont fort anciennement connus et très répandus.

154. PRÉPARATION. — On obtient la chaux en calcinant au rouge de la craie ou du marbre, qui sont des carbonates de chaux. Ces différents *calcaires* sont dis-

posés par couches dans un four, puis chauffés avec du charbon de bois ou de la houille. L'acide carbonique se dégage sous l'action de la chaleur, et comme il arrive souvent que ce gaz se décompose en traversant des couches de charbon rouge, on aperçoit, surtout le soir, au-dessus des fours à chaux, la flamme bleue de l'oxyde de carbone.

On retire du four de la chaux *vive*, en morceaux presque aussi gros et aussi durs que le calcaire employé pour l'obtenir.

155. Propriétés. — La chaux a d'ordinaire une teinte grise; sa poussière irrite les muqueuses et fait éternuer. La chaux sortant du four est appelée chaux *vive*, parce qu'elle se combine avec les acides et surtout avec l'eau en dégageant beaucoup de chaleur.

Action de l'eau. — *Expériences.* — 1. *Chaux éteinte.* — Un morceau de chaux vive de bonne qualité plongé dans l'eau s'humecte aussitôt, comme une éponge; laissée sur une soucoupe, cette chaux craque, se fendille et répand d'abondantes fumées de vapeur d'eau. Une allumette s'enflamme au contact de cette chaux, un instant après la chaux brûlerait les doigts; l'eau mise dans un tube à essais entre deux morceaux de cette pierre entre bientôt en ébullition. On arrive même ainsi à une température de 300°. Les ouvriers utilisent parfois cette chaleur, soit pour cuire leurs pommes de terre sous la chaux qui s'éteint, soit même pour allumer leur feu. On atteint la température la plus élevée en arrosant la chaux de la moitié de son poids d'eau.

Fig. 80. — Chaux vive et chaux éteinte.

La chaux éteinte qui vient de se combiner avec

l'eau augmente beaucoup de volume, et se réduit en une poussière d'un beau blanc (fig. 80).

A cause de cette avidité de la chaux pour l'eau, on met parfois des morceaux de chaux dans les armoires dont on veut enlever l'humidité.

2. *Lait de chaux.* — La chaux éteinte dans une grande masse d'eau donne une bouillie plus ou moins épaisse appelée lait de chaux. On s'en sert pour badigeonner les murailles. Le badigeon se prépare, en effet, avec un lait de chaux auquel on donne une teinte d'azur avec du bleu d'outremer.

3. *Eau de chaux.* — La chaux est légèrement soluble dans l'eau. Un morceau de chaux vive mis dans un flacon plein d'eau pure s'y désagrège et s'y dissout partiellement du moins. La liqueur mise au repos s'éclaircit; on obtient ainsi une eau transparente qui dissout de la chaux.

Cette eau de chaux ramène au bleu la teinture de tournesol; on pourra encore constater qu'un courant d'air soufflé des poumons et dirigé dans l'eau de chaux y forme un précipité blanc (fig. 26).

156. Usages. — La chaux sert surtout à préparer les mortiers pour les constructions (178); on l'emploie aussi pour amender les terres, pour badigeonner et pour préparer la lessive de potasse ou de soude qui sert à la fabrication des savons (140). Combinée au sucre, la chaux sert, dans les fabriques de sucre, à empêcher l'altération du jus extrait de la betterave.

II. — Carbonate de chaux

157. Ses variétés. — Le carbonate de chaux est un des sels les plus répandus dans la nature, il y affecte les formes les plus variées. Parfois il est transparent comme le verre, et cristallisé comme le sucre

candi : c'est le *spath d'Islande ;* d'autres fois, il est opaque, dur et susceptible d'être parfaitement poli : c'est le *marbre* aux couleurs si variées, ou la pierre *lithographique.* Ces roches plus tendres et plus généralement blanches qui couvrent parfois la surface du sol sous une épaisseur de plusieurs centaines de mètres, et que l'on appelle pierre à bâtir ou *craie,* ne sont encore que du carbonate de chaux.

Toutes ces variétés de carbonate de chaux sont désignées sous le nom général de *calcaires.*

158. Propriétés. — Si les propriétés physiques des calcaires varient pour chacune de leurs variétés, toutes leurs propriétés chimiques leur sont communes. Elles reposent surtout sur la présence de l'acide carbonique dans ces différents calcaires, et sur leur solubilité dans les acides.

Dégagement d'acide carbonique. — *Expériences.* — 1. Quelques morceaux de craie *chauffés* dans un tube en fer ou en cuivre, comme celui de certains porte-plumes, donnent des bulles de gaz carbonique, dont on peut reconnaître la nature en les faisant passer dans l'eau de chaux (fig. 81). Il reste dans le tube de la chaux vive (154).

2. Dans un *acide* même étendu, des morceaux de craie donnent aussitôt une effervescence (107). Pour reconnaître la nature de ce gaz, il suffit de faire la réaction dans un tube à essais que l'on fait communiquer avec de l'eau de chaux. Ce liquide blanchit; il se dégage donc ici encore de l'acide carbonique.

159. Solubilité du carbonate de chaux. — 1. La craie laissée dans l'eau ne s'y dissout pas sensiblement ; elle se dissout au contraire dans l'acide chlorhydrique, et elle est également soluble dans l'eau de Seltz.

Pour le constater, on fait arriver quelques gouttes d'eau de Seltz dans l'eau de chaux, qui blanchit; mais ce précipité blanc disparaît, et l'eau redevient limpide en laissant tomber un peu plus d'eau de Seltz.

On répétera aisément cette expérience avec un courant d'acide carbonique à défaut d'eau de Seltz. Il se forme ainsi un *bicarbonate* de chaux soluble dans l'eau.

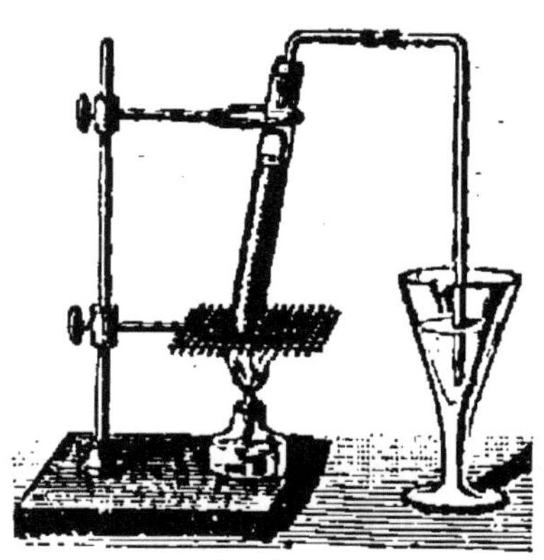

Fig. 81. — Bicarbonate de chaux décomposé à l'ébullition.

2. Cette dissolution de bicarbonate de chaux chauffée dans un tube à essais se trouble à l'ébullition; en même temps elle perd son acide carbonique. Si donc on fait passer dans de l'eau de chaux l'acide carbonique qui sort du tube, on voit les deux liqueurs, dont l'une est chaude et l'autre froide, se troubler à la fois (fig. 81).

160. Applications. — L'eau de source renferme souvent du calcaire à l'état de bicarbonate, sans que ce sel nuise à sa limpidité; mais cette eau se trouble à l'ébullition ou même à l'air en perdant son acide carbonique.

1. De là proviennent les dépôts blancs de craie qui se forment dans les vases où l'on fait bouillir ces eaux calcaires.

2. Par là s'expliquent encore les *incrustations* produites par certaines sources. Les eaux de Saint-Allyre, près de Clermont, en particulier, sont si chargées de chaux, qu'exposées à l'air, leur excès d'acide carbonique se dégage, leur calcaire se dépose. Formés dans des moules ou sur des objets, feuilles ou fruits arrosés par ces eaux, ces dépôts de carbonate de chaux prennent rapidement une épaisseur considérable.

Dans d'autres cas, ces dépôts calcaires forment des pendentifs ou des colonnes naturelles qui prennent le nom de *stalactites*.

III. — Sulfate de chaux

101. Synonymes. — Le sulfate de chaux se trouve en roche compacte assez abondante; on l'appelle encore *gypse* ou pierre à *plâtre.* Les buttes Montmartre à Paris sont excavées par des carrières de plâtre.

Préparation du plâtre. — Le gypse sert, en effet, presque uniquement à faire du plâtre; on le trouve en blocs épais ou en lames transparentes comme du verre, et aussi régulières que si on les avait travaillées à la main. Leur forme plus commune est celle d'un *fer de lance* (fig. 82). Ces cristaux souvent volumineux de gypse se divisent en feuillets parallèles aussi minces et aussi nombreux qu'on le désire. D'ailleurs cette division se fait d'elle-même, comme nous allons le constater, et sous la seule action de la chaleur.

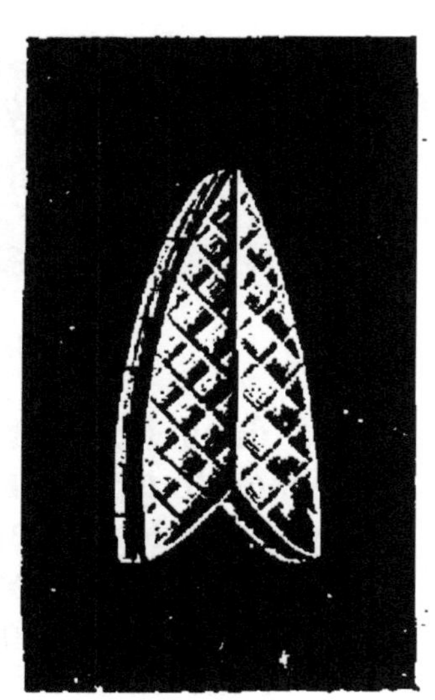

Fig. 82.
Gypse en fer de lance.

Expériences. — Un morceau de gypse placé sur une toile métallique et chauffé modérément se fendille; puis, perdant sa transparence, il devient blanc comme de la craie, et bientôt il se divise en petits morceaux. Si on recouvre ce gypse d'un entonnoir, pendant qu'on le chauffe on voit de l'eau se déposer sur le verre; ce liquide provient de l'évaporation du gypse. La présence de l'eau constitue la différence essentielle entre le plâtre et la pierre à plâtre. La pierre à plâtre est un sulfate de chaux contenant de l'eau, le plâtre est du sulfate de chaux privé d'eau.

Dans l'*industrie*, on prépare le plâtre dans des fours qui rappellent les fours à chaux (fig. 83), avec cette différence toutefois que la température est moins

Fig. 83. — Fours à plâtre.

élevée dans les fours à plâtre, parce qu'il suffit de dessécher le gypse, sans le décomposer (154). L'eau du gypse se dégage entre 100° et 150°.

162. Propriétés du platre. — Le plâtre est une poussière blanche, fort lourde, insipide, peu soluble dans l'eau. Cependant il y a des eaux dites *séléniteuses* qui en contiennent. On corrige en partie la *dureté* de ces eaux indigestes en y ajoutant un peu de carbonate de soude, qui donne un précipité.

Mais le plâtre mis en présence d'une petite quantité d'eau et délayé fait prise avec l'eau et prend la dureté de la pierre.

Expériences. — 1. La poussière du gypse calciné que nous avons obtenue (162), mélangée avec de l'eau et gâchée avec les doigts, se solidifie bientôt.

2. Si après en avoir enduit une des faces avec un

peu d'eau de savon, on place une pièce de monnaie sur une soucoupe et qu'on y coule une bouillie de plâtre délayé dans l'eau, on obtient une couche solide qui reproduit en creux les détails de la pièce.

3. Une dissolution de plâtre faite dans l'eau se trouble quand on y ajoute de l'alcool (7).

163. Usages. — 1. La majeure partie du plâtre sert dans les *constructions* pour faire des enduits de murailles ou de plafond, ou des détails d'ornementation. On expédie le plâtre dans des sacs ; ces sacs sont petits parce que le plâtre est lourd, et ils sont bien fermés, pour que le plâtre ne s'évente pas en prenant l'humidité.

2. On utilise encore le plâtre en *agriculture*. Certaines herbes viennent mieux dans un sol que l'on a saupoudré de plâtre. — Pour faire adopter ce nouvel engrais minéral, Franklin avait tracé avec du plâtre ces mots : « Ceci a été plâtré » au milieu d'un champ ensemencé de luzerne. Le fourrage vint à merveille en cet endroit, et l'on raconte que l'avis de l'ingénieux physicien était si parfaitement visible, qu'il n'en fallut pas davantage pour prouver aux habitants de Washington l'efficacité du procédé.

CHAPITRE IV

LES TERRES

Aluminium. — Alumine. — Silice. — Argiles. — Verres. — Poteries. — Mortiers et ciments.

164. Avec la chaux, dont les carbonates et sulfates sont si communs dans l'écorce terrestre, la plupart des roches contiennent différents sels d'aluminium. La chaux et l'alumine représentent les *terres* des anciens chimistes; mais comme l'alumine existe ordinairement à l'état de silicate, nous avons aussi à mentionner après elle la silice, qui est l'acide de ce genre de sels si communs.

I. — Aluminium. — Alumine. — Silice

165. Aluminium. — L'aluminium est un métal nouveau qui se rapproche de l'argent et des métaux nobles par l'éclat et le poli qu'il peut prendre, et surtout par son peu d'altérabilité à l'air. Ce métal a, en effet, la couleur blanche de l'argent, mais il est quatre fois plus léger que ce métal; il a la densité du cristal ($d = 2,5$)[1].

L'orfèvrerie utilise ce métal soit pur, soit encore allié au cuivre, avec lequel il forme le bronze d'aluminium : métal jaune que l'on prendrait pour de l'or s'il ne se ternissait si rapidement.

166. Alumine. — L'alumine est l'oxyde de l'aluminium, comme la chaux est l'oxyde du calcium.

On trouve l'alumine pure et cristallisée dans la nature. C'est une pierre dure, utilisée en joaillerie ou dans les arts mécaniques. L'*émeri*, qui est de l'alumine mélangée à un peu de fer, sert à l'état de poussière, ou fixé sur les feuilles de papier de *verre* pour polir les glaces ou les métaux.—Les variétés transparentes de l'alumine sont des pierres précieuses. Les plus recherchées sont : le *corindon*, qui est incolore; le *saphir*, qui est bleu; la *topaze orientale*, qui est

[1] « Le premier kilogramme d'aluminium obtenu en 1854, par Sainte-Claire-Deville, avait coûté plus de 40,000 francs; aujourd'hui ce métal revient à 80 francs le kilog. et couvrirait dix fois plus d'espace que l'argent avec la même dépense. »

(J.-B. Dumas.)

jaune; le *rubis*, qui est rouge. La topaze est la pierre la plus dure après le diamant.

Mais on peut préparer une variété d'alumine qui est loin d'avoir la même dureté, en précipitant d'une dissolution d'alun ordinaire de l'alumine en gelée. Les expériences suivantes vont nous en faire connaître les propriétés.

167. *Expériences.* — 1. Quelques gouttes d'ammoniaque versées dans une dissolution saturée d'alun donnent une masse gélatineuse qui est de l'alumine (fig. 84).

Fig. 84.
Précipité d'alumine en gelée.

2. Une partie de ce précipité floconneux versée dans un autre verre se dissout dans l'acide sulfurique qu'on ajoute à la liqueur.

3. Une autre portion de l'alumine en gelée versée dans un troisième verre se dissout dans l'ammoniaque qu'on ajoute en excès.

Ces trois expériences nous montrent de l'alumine en gelée, elles nous prouvent en même temps que l'alumine se combine *indifféremment* avec les acides ou avec les bases.

168. Silice. — La silice est l'acide du silicium; comme l'acide carbonique est l'acide du carbone; aussi l'appelle-t-on également acide silicique. La silice est fort répandue dans la nature, comme l'acide carbonique; on la rencontre dans chacun des trois règnes.

1. Dans le règne minéral, on trouve des cristaux

transparents de silice, c'est le cristal de roche (fig. 85). Le *quartz* est incolore, l'*améthyste* est violette. L'*agate* est une variété transparente de silice qui n'est pas cristallisée : le silex ou pierre à fusil, les grès, les pierres meulières et le sable aux couleurs variées sont d'autres espèces de silice opaque et non cristallisée.

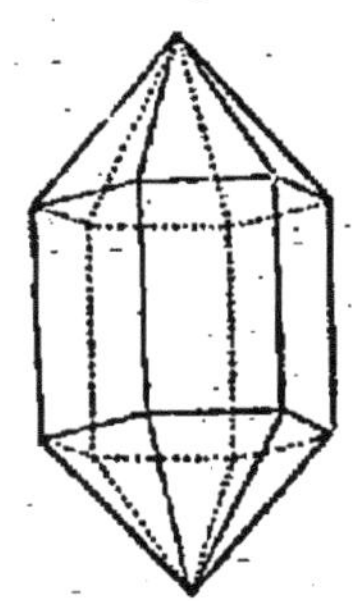

Fig. 85. — Quartz en cristaux.

2. Dans le règne végétal, le chaume du blé, les carex et d'autres herbes dont les tiges ont des bords tranchants, souvent triangulaires, contiennent aussi de la silice.

3. Enfin les coquilles de certains animaux très petits qui vivent dans la mer sont siliceuses; chacune de ces coquilles microscopiques constitue un grain de la terre appelée *tripoli*.

169. Propriétés de la silice. — La silice est un corps solide qui raye le verre, mais qui se laisse rayer par le diamant. La pointe d'un cristal de quartz permet d'écrire sur une vitre; pour dépolir le verre à vitre, on agite à sa surface des galets qui usent le verre, mais qui finissent aussi par s'amincir; on se sert même de jets de sable pour graver sur le verre. — Il faut les plus hautes températures des fours à porcelaine pour agglutiner les grains de sable.

Mais si la silice seule est difficilement fusible, elle donne avec différentes bases des composés qui peuvent couler, comme de l'eau, à une température plus ou moins élevée. Le sable combiné à la potasse donne un silicate de potasse qui est à l'état de sirop, à la température ordinaire : c'est la *liqueur des cailloux* ou verre soluble. Au contraire, les argiles, qui sont des silicates d'alumine, donnent à peine des traces de fusion aux plus hautes températures.

II. — Argiles. — Verres. — Poteries

170. Argiles. — L'argile pure est le *kaolin*. C'est une terre blanche qui sert à fabriquer la porcelaine; elle est essentiellement composée de silice et d'alumine. On rencontre plus communément des argiles colorées en jaune, en rouge ou en bleu par l'oxyde de fer.

Les propriétés utiles de l'argile dépendent des modifications que lui font éprouver l'eau et la chaleur.

171. Action de l'eau sur l'argile. — Le souffle et la vapeur d'eau communiquent à l'argile l'odeur que l'on sent après la pluie.

L'argile se délaye dans l'eau sans s'y dissoudre; prise en masses compactes, elle arrête l'eau et constitue un fond imperméable sur lequel l'eau séjourne. L'argile pétrie avec de l'eau ou moulée entre les doigts forme une pâte liante ou plastique à laquelle l'art du sculpteur, du modeleur ou du potier sait donner toutes les formes. L'argile délayée absorbe les matières grasses; aussi s'en sert-on pour dégraisser le drap ou pour enlever les taches d'huile sur les parquets.

172. Action de la chaleur sur l'argile. — La chaleur communique à l'argile les plus heureuses propriétés.

L'argile pure est *infusible*. Des tuyaux de pipe jetés au feu se courbent à peine. L'argile cuite devient *résistante* et sonore, comme sont les pannes et les carreaux rouges. En même temps l'argile devient *poreuse*. En voici différentes preuves : l'argile d'un tuyau de pipe s'attache à la langue; une brique sèche mise sur une assiette couverte d'eau l'absorbe peu à peu; les maçons qui veulent carreler une place mettent d'abord tremper leurs carreaux dans l'eau, pour que le mortier y adhère plus facilement, comme ils ont soin également de mouiller une muraille où ils doivent faire des réparations au mortier.

Enfin l'argile cuite se *contracte*. Une brique cuite entre plus facilement dans le moule en bois où on l'avait façonnée. Un petit cube d'argile plastique mis au four sèche en se retirant, et il se déforme d'autant plus, qu'il est soumis à une température plus élevée.

173. POTERIES. — **Matières premières.** — Les poteries sont des argiles cuites auxquelles on a donné, par le travail, des propriétés spéciales.

Un vase que l'on aurait façonné avec une argile de bonne qualité manquerait, après sa cuisson, de plusieurs propriétés fort importantes que nous allons indiquer.

Le *retrait* en changerait les dimensions et souvent aussi la forme et les proportions; la *porosité* le rendrait impropre à la conservation des liquides; enfin la *rugosité* de sa surface altérerait la beauté de sa forme artistique. On est heureusement parvenu à remédier à ces divers inconvénients, grâce au choix des substances employées en céramique, aux proportions de leur mélange et aux procédés de décoration. Les matières premières employées pour faire les poteries sont :

1. Une *argile* pure et blanche, telle que le kaolin de Saint-Yrieix ou de Montereau, ou une argile colorée et impure dont la teinte est généralement rouge après la cuisson ;

2. Une matière telle que le *sable*, destinée à dégraisser l'argile et à prévenir la contraction qu'elle subirait au feu ;

3. Un *fondant* tel que le feldspath, silicate d'alumine et de potasse qu'on pétrit avec l'argile pour obtenir une surface vitrifiée ou fondue;

4. Une *glaçure* ou un *vernis* pour couvrir la sur-

face. Le sel marin suffit pour donner un vernis incolore sur des poteries en grès grossier.

174. Diverses espèces de poteries. — On trouve des poteries de tout prix et de toute qualité, depuis la riche porcelaine de Sèvres jusqu'à la tuile et la brique grossières. Voici les sortes les plus importantes :

1. Les *poteries communes* à pâte tendre, comme les tuiles, les briques, les tuyaux de drainage sont faites d'argile rouge et poreuse. Les poteries destinées à aller au feu reçoivent une glaçure contenant du plomb que l'on colore en jaune, en brun ou en vert.

2. La *faïence* est une poterie dure, opaque et blanche. Peu poreuse par elle-même, elle est pourtant encore recouverte d'une glaçure qui la protège. Telles sont les faïences de Gien et de Montereau.

3. La *porcelaine* est une poterie translucide qui a subi un commencement de vitrification. Si compacte qu'elle soit, elle reçoit encore une glaçure transparente que l'acier raye difficilement.

175. Verre. — Composition du verre. — Le verre est un composé fort complexe. Il contient toujours de la silice combinée avec de la potasse ou de la soude d'une part et de l'autre avec l'alumine, la chaux ou le plomb. Il résulte de cette combinaison une substance assez fusible, la fusion pâteuse du verre se faisant vers 1000°.

Les matières premières employées pour préparer cette combinaison sont : le sable, qui fournit la silice; le carbonate ou le sulfate de soude, qui forment le fondant; la craie ou l'argile, qui donnent la chaux et l'alumine. Ces diverses substances sont successivement broyées, puis desséchées ou frittées. Elles sont ensuite fondues et brassées pendant huit à douze heures.

176. Différentes espèces de verre. — Les variétés

de verre les plus remarquables sont le verre à vitres ou verre blanc, le verre à bouteilles et le cristal.

1. Le *verre à vitres* est un silicate de soude et de chaux. Il paraît blanc ou incolore sous une faible épaisseur; la teinte d'une vitre est cependant verdâtre quand on la regarde par sa tranche. On fait avec le même verre beaucoup d'objets usuels qui sont façonnés dans les gobeletteries.

2. Le *verre à bouteilles* est un silicate de chaux et d'alumine auxquels se trouvent accidentellement associés la potasse et le fer. Ce dernier oxyde lui donne sa couleur foncée.

3. Le *cristal* est un silicate de potasse et de plomb. La présence de ce dernier métal donne à ce composé plus de poids et de transparence.

177. Propriétés du verre. — L'action de la chaleur sur le verre est sa propriété la plus importante à signaler. A la différence des argiles, le verre fond au feu et s'y travaille comme de l'argile plastique qu'on a pétrie. La fusion du verre se fait à une température relativement basse. Un fil de verre fond quand on le passe dans la flamme d'une bougie; les tubes de verre employés en chimie se travaillent aisément à la lampe à alcool. Il est du reste fort heureux que le verre prenne au feu l'état pâteux sans couler; car cette propriété permet de souffler le verre, de le mouler, de le façonner comme s'il s'agissait d'un vase de terre plastique[1]. A l'exception des glaces, qui sont coulées, les

[1] *Travail du verre.* — « L'ouvrier s'approche du trou (du fourneau), et avec sa canne percée dans toute sa longueur, comme un tube, il cueille un peu de cette pâte épaisse et signifiée qui se teint, au jour, des mille couleurs charmantes de l'opale; il applique ses lèvres sur la partie supérieure de la canne et souffle avec force; aussitôt, comme une bulle de savon se gonfle à l'haleine d'un enfant, ce morceau de pâte rouge se dilate et s'arrondit, d'abord gros comme une prune, puis comme une balle, puis comme une petite sphère, toujours plus mince à mesure qu'il de-

vitres aussi bien que les bouteilles s'obtiennent en soufflant le verre pour lui donner la forme d'un cylindre creux (fig. 86).

Mais le refroidissement subit éprouvé par le verre

Fig. 86. — Aspect d'une verrerie (*fabrication des bouteilles*).

qu'on travaille en dehors des fours durcit sa surface et lui fait éprouver une véritable trempe. Dans ces conditions, le moindre choc ferait voler en éclats le verre refroidi. On remédie à ce grave inconvénient

vient plus gros, toujours plus clair à mesure qu'il devient plus mince. Le moment est critique; l'ouvrier, du haut de son tréteau, balançant au bout de sa canne ce globe de feu souple et élastique, le fait monter, descendre pour répartir partout également la matière; elle s'étire, elle s'étire, lorsque soudain et comme par inspiration, ce semble, le travailleur lui imprime un vigoureux mouvement de rotation; et comme l'atelier est plein de travailleurs, vous voyez au-dessus de votre tête sept ou huit globes de feu décrivant autour de vous des cercles enflammés et prêtant à cette salle un aspect fantastique et presque effrayant. Mais peu à peu les sphères s'allongent, et en s'allongeant pâlissent; vous voyez poindre autour de la partie supérieure de la canne la couleur claire et transparente du verre, pendant que la pâte épaisse et en remettant le verre, travaillé en bouteilles ou en carreaux de vitres, dans des fours à air chaud pour y être soumis à une chaleur qui décroît par degrés insensibles. Toutefois le verre ne perd jamais complètement sa fragilité[1].

III. — Mortiers et ciments

178. Mortiers. — Un mortier est toute préparation qui, par son durcissement, est destinée à relier des matériaux de construction. Le plâtre gâché avec de l'eau, que les ouvriers emploient fréquemment pour sceller dans les murs des pièces de fer, a donc les propriétés d'un mortier.

Les mortiers ordinaires contiennent de la chaux associée à d'autres corps. Les uns durcissent à l'air, et on les appelle *mortiers aériens;* ils sont formés de trois parties de chaux pour une partie de sable, d'argile ou de scories broyées.

L'acide carbonique de l'air transforme en carbonate la chaux du mortier et lui communique de la dureté.

rouge se réfugie à l'autre extrémité, et bientôt, au lieu du petit morceau de matière enflammée, cueillie devant vous il y a cinq minutes dans la fournaise, vous avez un manchon de verre mince, brillant, solide, translucide et tout semblable à ces longs fourreaux de verre qui couvraient autrefois sur nos cheminées les vases de fleurs artificielles. Il ne s'agit plus, pour débiter ce manchon en carreaux, que de le fendre dans sa longueur, ce qui se fait avec un morceau de verre froid si le manchon est chaud, et avec un morceau de verre chaud si le manchon est froid. »

(Legouvé, *Voyage scientifique d'un ignorant.*)

[1] On connaît la maxime du poète :

Toute votre félicité,
Sujette à l'instabilité,
En moins de rien tombe par terre,
Et comme elle a l'éclat du verre,
Elle en a la fragilité.

(Corneille, *Polyeucte.*)

Expériences. — 1. Un morceau de chaux grasse que l'on a éteinte et dont on a fait une pâte durcit à l'air sur une assiette où on l'a étendu.

2. Un morceau de mortier durci, détaché d'une muraille, fait effervescence dans l'eau acidulée. L'acide carbonique s'en dégage.

Les *mortiers hydrauliques* font prise sous l'eau. On les forme le plus souvent avec des ciments, qui sont des mélanges de chaux et de silicate d'alumine. L'eau fait passer ce mélange à l'état de combinaison insoluble, comme elle durcit le plâtre (162). Le temps de prise varie pour un mortier hydraulique avec sa composition. Les ciments les plus riches en chaux peuvent mettre un an à durcir, les plus riches en argile font prise en quelques heures.

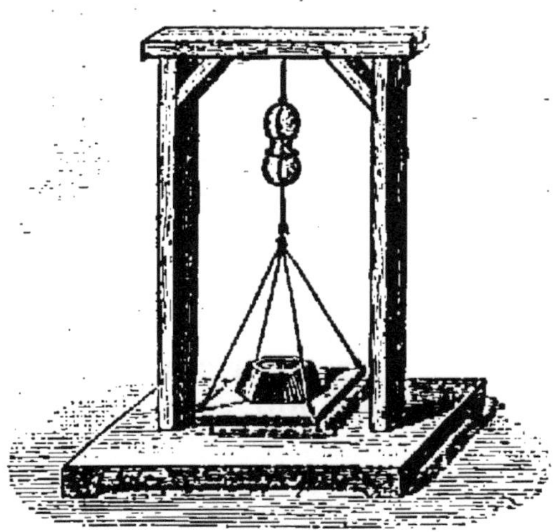
Fig. 87. — Essai du ciment.

Expériences. — 1. Coulez dans une boîte en carton une pâte molle faite d'eau et de ciment, vous obtiendrez un mortier qui durcira bientôt en séchant.

2. La dureté des ciments s'évalue par le poids qu'un échantillon peut porter sans se rompre. Une briquette de ciment ayant 16 centimètres de section peut porter un poids de 70 kilogrammes (fig. 87).

CHAPITRE V

MÉTAUX USUELS

Fer. — Fonte. — Acier. — Étain. — Plomb. — Zinc. — Cuivre. — Sulfate de cuivre.

179. La chimie sait tirer parti du plus grand nombre des métaux qu'elle découvre dans l'écorce terrestre, et qu'elle parvient à isoler de leurs minerais. Chaque jour elle leur trouve de nouvelles applications, et augmente par là les richesses de l'industrie. Mais tandis que certains métaux ne sont employés qu'à l'état de combinaisons, que d'autres sont trop précieux pour servir dans les travaux mécaniques, il y en a un certain nombre qui donnent lieu à un double emploi. Combinés, ils forment des oxydes ou des sels d'un usage fréquent; purs, ils sont assez communs et assez résistants pour servir aux constructions. Tels sont les métaux *usuels*, qui vont nous occuper dans ce chapitre.

I. — Fer. — Fonte. — Acier

180. Leurs caractères distinctifs. — Avant de donner les caractères propres à chacun de ces trois corps, qui sont souvent confondus, il est bon d'indiquer en quoi ils diffèrent l'un de l'autre, au point de vue chimique.

Le *fer* est un métal, et par suite un corps simple, tandis que la *fonte* et l'*acier* sont du fer combiné avec des quantités minimes et variables de charbon.

L'acier ne contient que quelques millièmes de carbone; la fonte, qui en contient environ dix fois plus, n'en renferme encore que de 2 à 5 %.

L'industrie des *hauts fourneaux* ne produit que de la fonte de fer; les *aciéries* obtiennent l'acier en enlevant du carbone à la fonte; les *forges* affinent et laminent le fer pur. Ces trois noms de métaux représentent donc trois industries bien distinctes.

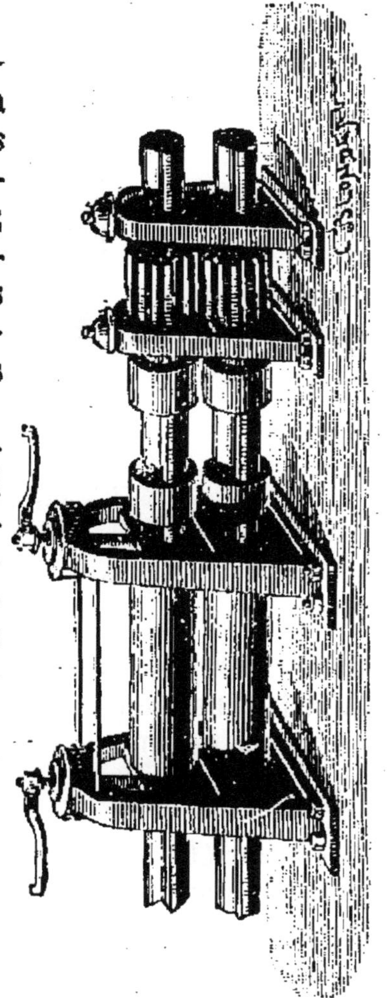

Fig. 88. — Laminoir.

181. Fer. — *Ses propriétés.* — Le fer est le métal le plus précieux de l'industrie[1]. Il doit son importance à ses propriétés physiques plus encore qu'à ses caractères chimiques.

Le fer a pour densité 7,7. Sa couleur est d'un blanc grisâtre, il devient fort brillant par le poli. Il ne fond qu'à une température élevée de 1500°; encore prend-il plutôt l'état pâteux que l'état liquide. Cette propriété le rend propre aux travaux de la forge. Le fer incandescent et pâteux se travaille, en effet, au marteau et se soude directement à lui-même.

[1] « La fabrication du fer est la première de toutes les industries chez les nations qui veulent conserver leur indépendance et occuper un rang élevé dans la politique. » (Arago.)

Le fer s'étend en *lames* minces sous la pression du laminoir (fig. 88). On obtient ainsi des feuilles de tôle de toute épaisseur; les derniers numéros ont la minceur d'une feuille de papier, comme on en peut juger par l'épaisseur du fer blanc.

A la filière, le fer s'allonge en *fils* aussi fins que des

Fig. 89. — Ténacité du fer.

cheveux. Souples comme le lin ou la soie, ces fils offrent la plus grande résistance. Le fer est, en effet, le plus tenace des métaux usuels. On suspend aisément à un fil de fer de 1 millimètre de diamètre un poids de 60 kil. (fig. 89).

Les propriétés *magnétiques* du fer offrent un moyen rapide de reconnaître sa présence et d'apprécier sa pureté. Un aimant, si petit qu'il soit, promené dans un mélange de soufre et de limaille de fer, en sépare tous les grains de fer, qu'il attire. Mais le fil de fer ou le clou qu'on aurait aimanté en le mettant au contact d'un aimant ne conserverait pas ses propriétés magnétiques. Il les perd d'autant plus vite, que le fer en est plus pur. Une aiguille à coudre, au contraire, reste aimantée après avoir été frottée sur un aimant. Il devient donc facile de distinguer par là le fer de l'acier.

182. **Caractères chimiques du fer.** — Le fer est un métal qui s'altère rapidement à l'air ou en présence des acides. L'oxyde qui se forme à la surface du fer est la *rouille*, corps solide mais friable, qui rougit les doigts et se dissout partiellement dans l'eau. Comme la rouille se détache par écailles, le fer dont la surface est constamment renouvelée finit par disparaître complètement. Aussi dit-on communément que la rouille *ronge* le fer.

Expériences. — 1. Quelques clous mis dans une soucoupe contenant un peu d'eau se rouillent bientôt et prennent une couleur d'un jaune rougeâtre.

2. Des clous neufs mis dans une bouteille complètement remplie d'eau récemment bouillie conservent leur aspect brillant.

3. Des clous mis dans l'acide chlorhydrique ou dans l'acide sulfurique étendus s'y dissolvent en donnant de l'hydrogène (fig. 11).

4. Une aiguille à tricoter incomplètement plongée dans l'acide azotique concentré ne s'y dissout pas; seule la partie de l'aiguille qui n'est exposée qu'aux vapeurs de l'acide se couvre d'une épaisse couche de rouille (fig. 90).

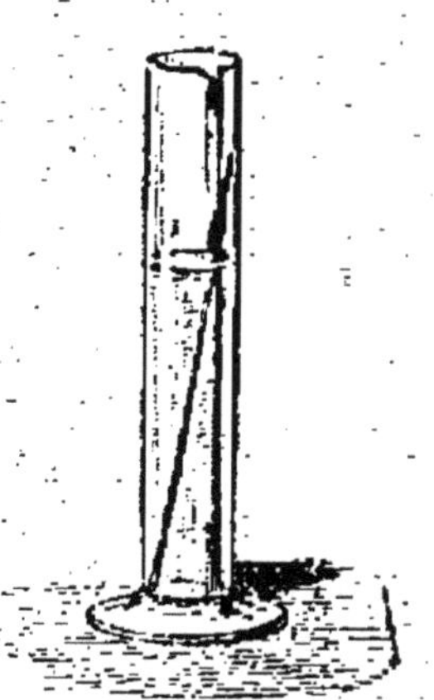

Fig. 90. Action du fer sur l'acide azotique.

Conclusion. — Ces différentes expériences nous permettent de conclure que le fer s'oxyde en présence de l'air et d'un acide. L'air ordinaire contenant de la vapeur d'eau et de l'acide carbonique, on s'explique, par cette double influence, la rouille du fer laissé à l'air.

183. **Moyens de combattre la rouille.** — Le fer

qui doit être soumis à l'action oxydante de l'air peut être protégé par différents moyens. Parfois les ouvriers se contentent de frotter avec du suif ou un corps gras l'instrument en fer dont ils ne se servent pas journellement. — On couvre encore d'une couche de peinture à l'huile ou au minium les pièces de fer employées dans les constructions.— On prépare aussi du fer recouvert d'enduits métalliques qui le protègent. Le *fer blanc*, si employé dans les batteries de cuisine, est du fer couvert d'une couche d'étain; le fer *galvanisé* est du fer couvert de zinc. On fait des feuilles, des fils et des vases en fer galvanisé.

Une goutte d'eau acidulée par l'acide sulfurique dissout le zinc du fer galvanisé et donne une effervescence, tandis que l'étain du fer blanc n'est pas attaqué par cet acide.

Le fer galvanisé résiste mieux cependant que le fer blanc à l'action de l'air.

184. Fonte. — La fonte est, comme nous l'avons vu, du fer carburé. Son nom lui vient de sa facile fusion. Tandis que le fer prend l'état pâteux, la fonte coule, à 1200°, en veines liquides d'un éclat éblouissant. Aussi la fonte ne peut qu'être moulée, tandis que le fer se laisse forger. Une coulée de fonte qui se solidifie dans son moule augmente de volume, et dès lors ce métal prend exactement tous les détails de la forme où on l'a recueilli. Cette propriété de la fonte permet de faire par moulage des statues ou des colonnes de fonte qui ont l'aspect du fer, sans en avoir toutefois toute la solidité.

185. Acier. — Au point de vue chimique, l'acier ne diffère de la fonte que par une moins grande proportion de carbone; l'acier est donc un métal intermédiaire entre le fer, qui est sans carbone, et la fonte qui en contient plus que l'acier. Mais l'acier diffère surtout de ces deux corps par ses propriétés physiques.

Moins fusible que la fonte, mais plus fusible que le fer, l'acier peut être coulé à une température de 1400°. On coule, au Creusot, des lingots d'acier qui pèsent de 90 à 125,000 kilogr. Le fer se laisse aisément entamer par le burin; les instruments tranchants qui doivent tailler les corps les plus durs sont, au contraire, faits en acier.

La *trempe* de l'acier est sa propriété la plus remarquable. Le fer chaud ou froid plie sans se rompre, s'il est pur. Un fil de fer plusieurs fois tordu se brise avec peine, mais une aiguille d'acier trempé se casse aisément.

Expériences. — 1. Jetez dans le feu d'un réchaud ou passez à la flamme de l'alcool un fil d'archal, qui est du fer de bonne qualité. Ce fil, rougi et recuit, deviendra plus souple encore après refroidissement. Rougi, puis trempé dans l'eau froide, il se refroidit plus vite, mais ne devient pas cassant. Le fer ne se trempe donc pas.

2. Passez une aiguille d'acier au feu, vous pourrez la plier quand elle sera rouge; elle est alors *recuite* ou *détrempée*. Un ressort d'acier, une plume d'acier ainsi détrempés ne conservent pas plus d'élasticité qu'un fil de fer.

3. Une aiguille encore incandescente, plongée dans l'eau froide, se trempe; aussi se brise-t-elle plus facilement.

II. — Zinc. — Plomb. — Étain

186. Nous rapprochons ces trois métaux, que l'on confond parfois à cause de certaines propriétés purement extérieures et physiques qui leur sont communes. Leur étude comparée permettra d'éviter plus sûrement ces erreurs.

187. Zinc. — Depuis un demi-siècle environ, l'emploi du zinc pur s'est généralisé, et son industrie s'est

développée. Les usines principales qui livrent le zinc au commerce sont situées en Silésie; à la Vieille Montagne, près de Liège, et à Auby, près de Douai. — Le zinc se retire de deux sortes de minerais : la blende, qui est un sulfure de zinc, et la calamine, carbonate de zinc beaucoup plus commun que la blende.

188. Propriétés du zinc. — Le zinc est d'un blanc bleuâtre; il s'oxyde à l'air et prend une teinte grisâtre, sans toutefois se trouer comme le fer.

Le zinc fond à 410°; un fil de fer propre plongé dans le zinc fondu devient du fer galvanisé en se recouvrant de zinc; mis dans une flamme, le zinc qui couvre ce fil fond et brûle avec une flamme brillante. Il donne en même temps une fumée blanche. Cette fumée condensée est du *blanc de zinc*, ou oxyde de zinc. Le blanc de zinc mélangé à l'huile sert en peinture, il remplace souvent la céruse.

Le zinc se lamine à chaud. Une feuille de zinc doit être chauffée à 100° pour qu'elle ne se gerce pas au laminoir. Ces feuilles de zinc, entières ou découpées, servent pour les toitures et les gouttières. Prises trop grandes, elles se déforment facilement par la chaleur, car le zinc est le métal le plus dilatable.

189. **Caractères chimiques du zinc.** — Tous les acides usuels dissolvent le zinc. Les acides sulfurique et chlorhydrique donnent en même temps de l'hydrogène (17); l'acide azotique, dont l'attaque est plus vive encore, donne des fumées rouges.

Les cristaux blancs que donne le zinc dissous dans l'acide sulfurique sont du sulfate de zinc, appelé autrefois *vitriol blanc*. On s'en sert en médecine pour les yeux. L'alliage le plus important que donne le zinc est le *laiton* ou cuivre jaune (133).

190. Plomb. — Le plomb est un métal connu de toute antiquité. Il est gris bleuâtre, sa surface récemment coupée se ternit facilement. Il est mou et sans

dureté. Ce métal, qui se laisse rayer à l'ongle, s'use même au contact du papier en y laissant une trace grise. On dit encore *lourd* comme le plomb. Sa densité, 11,35, ne lui donne cependant que le septième rang parmi les métaux. Le plomb est, de plus, facilement fusible : il fond à 330°, on s'en sert pour sceller le fer dans la pierre.

Expériences. — 1. Appliquez une feuille de plomb sur un sou, ou même sur un cachet en cire rouge, et frappez la feuille avec un marteau, vous obtiendrez sur le plomb l'empreinte du cuivre ou de la cire.

2. Faites fondre du plomb dans une cuiller en fer, et observez les couleurs bleues et jaunes de l'oxyde qui couvre sa surface. Ce plomb, coulé dans un dé à coudre, s'y solidifie; mais comme il diminue de volume en se solidifiant, vous pourrez retirer un cylindre de plomb.

191. Formes commerciales du plomb. — Voici à quels usages et sous quelles formes on prépare le plomb.

Les usines qui produisent le plomb, en le retirant de la *galène*, sulfure de plomb assez commun dans la nature, livrent ce métal en blocs allongés appelés *saumons*, du poids de 30 kilog.

Le plomb se coule encore en *lames* de grande étendue : on le lamine en feuilles minces pour les boîtes à thé. Les jardiniers utilisent les *fils* de plomb à cause de leur souplesse.

On fabrique des *tuyaux* de plomb pour les conduites d'eau ou de gaz. On en fait encore des *grains* (134) et des *balles* de plomb. Les balles de plomb sont faites à l'emporte-pièce, parce que le plomb se coule mal.

192. Caractères chimiques du plomb. — Peu soluble dans les acides sulfurique et chlorhydrique, surtout à froid, le plomb n'a pas de meilleur dissolvant que l'acide azotique, comme on peut le reconnaître en chauffant quelques grains de plomb dans cet acide.

Le plomb fondu s'oxyde à l'air; le plus connu de ses oxydes est le *minium*, poudre rouge souvent employée en peinture (183) et qui sert également à fabriquer les glaces (176.3).

193. Céruse. — La céruse est un carbonate de plomb. La céruse est blanche et en poudre, son poids rappelle celui du plomb. Délayée dans l'huile, la céruse donne une couleur blanche qui couvre bien. Mais l'emploi de cette peinture présente de graves inconvénients; car la céruse, qui est toujours pulvérulente, détermine des maladies graves et parfois même mortelles chez les ouvriers qui, en la travaillant, en absorbent nécessairement. En outre ce carbonate, comme les autres sels de plomb, noircit en présence de l'acide sulfhydrique (91). La couleur au blanc de zinc (188) n'offre aucun de ces inconvénients.

D'après un procédé hollandais encore usité en Flandre, on obtient de la céruse en laissant des feuilles de plomb soumises quelque temps à la double influence du vinaigre et de l'acide carbonique.

Expériences. — 1. Une pincée de céruse pure se dissout complètement dans l'acide azotique, en donnant une liqueur limpide. Il se forme de l'azotate de plomb.

Fig. 91. Plomb précipité par le zinc.

2. Une goutte d'iodure de potassium versée dans un peu de cet azotate donne un beau précipité jaune, auquel on reconnaît la présence du plomb.

3. Une lame de zinc plongée dans la même liqueur donne des houppes épaisses de plomb métallique précipité de sa dissolution (fig. 91).

4. Quelques bulles d'acide sulfhydrique ou un peu

de sulfure de baryum en dissolution introduits dans cette dissolution d'azotate de plomb donnent aussitôt un précipité abondant et noir de sulfure de plomb (91).

En présence de cet acide sulfhydrique, un papier couvert d'azotate de plomb ou de céruse noircit immédiatement.

5. La céruse calcinée dans une cuiller se décompose et donne du minium, qui est rouge.

6. Délayez un peu de céruse dans l'huile pour en faire de la couleur blanche, que vous étendrez ensuite sur une planchette.

194. Étain. — Ses propriétés physiques. — L'étain en barres ou en feuilles, est un métal blanc jaunâtre, dont l'éclat ne le cède qu'à celui de l'argent. Il communique aux doigts, par le frottement, une odeur métallique spéciale, et fait entendre un *cri* particulier quand on en plie une tige.

Fig. 92. — Facile fusion de l'étain.

L'étain se réduit facilement en feuilles : on obtient au marteau des feuilles si minces, qu'il en faut 300 pour faire un millimètre d'épaisseur. Les feuilles du papier de chocolat sont en étain.

L'étain fond à 228° : c'est le plus fusible des métaux usuels. On peut faire fondre l'étain sur une carte, sans que le papier brûle (fig. 92).

195. Caractères chimiques de l'étain. — L'étain fondu s'oxyde à l'air ; il donne une crasse noirâtre appelée autrefois *potée* d'étain et qui est un oxyde de ce métal.

Le meilleur dissolvant de l'étain est l'*eau régale* (73).

Un morceau de papier d'étain plongé dans l'acide *azotique* donne bien une vive effervescence et des vapeurs rouges; mais le métal laisse, sans se dissoudre, des lambeaux blancs et friables de la feuille d'étain: c'est un oxyde d'étain.

106. Usages de l'étain. — L'étain s'emploie pur ou en alliage.

Les feuilles d'étain servent à recouvrir, pour les préserver de l'air ou de l'humidité, des substances alimentaires telles que le chocolat ou les saucissons. On emploie encore du papier ordinaire métallisé avec une poudre d'étain et aussi des feuilles d'étain doublées de plomb pour couvrir les murailles humides.

Les poteries ou vaisselles d'étain sont le plus souvent, comme la soudure des plombiers, des alliages d'étain et de plomb faits suivant des proportions variables. Le fer blanc et le cuivre étamé sont d'autres alliages d'étain.

Expériences.— 1. Le *fer blanc* s'obtient en plongeant dans l'étain fondu des feuilles de tôle nettoyées et graissées. On fera l'expérience avec un morceau de tôle passé à l'acide pour le décaper, puis frotté avec une chandelle et plongé ensuite dans l'étain fondu.

2. Le *cuivre étamé* s'obtient en étendant de l'étain fondu sur la pièce de cuivre chauffée et nettoyée avec du sel ammoniac. Pour faire l'expérience, on frotte avec un morceau de sel ammoniac un sou exposé au feu d'une lampe à alcool; on place ensuite sur la pièce un grain d'étain qui y fond et s'étend complètement à sa surface, pour peu qu'on frotte avec des étoupes.

Conclusion. — L'acide azotique concentré donne un moyen rapide de distinguer ces trois métaux: zinc, étain et plomb. — Le zinc s'y dissout en dégageant des vapeurs rutilantes; l'étain donne ces mêmes vapeurs, mais il ne se dissout pas, il blanchit; le plomb se dissout lentement.

III. — CUIVRE

197. Propriétés physiques. — Le cuivre pur est un métal de couleur rouge, sa densité est 8, 9; son point de fusion 1200° est supérieur à celui de l'argent et de l'or. Le frottement des doigts sur le cuivre leur communique une odeur désagréable. Placée dans la flamme de l'alcool, une lame de cuivre donne des vapeurs vertes.

Le cuivre se travaille facilement: on le fond pour le couler; on le passe au laminoir pour en faire des feuilles fort minces, qui deviennent brillantes comme de l'or, après avoir été vernies. C'est le *clinquant,* si différent de l'or, et qui, du reste, se dissout rapidement dans l'acide azotique étendu, en le colorant en bleu.

A la filière, le cuivre donne des fils de tous diamètres, moins résistants que les fils de fer.

198. Circonstances dans lesquelles le cuivre s'oxyde. — Le cuivre entre dans un grand nombre de composés, qui sont tous vénéneux. Le plus commun est le carbonate de cuivre, appelé *vert de gris,* qui forme souvent une couche épaisse, brillante et résistante à la surface du cuivre exposé à l'air.

Plusieurs substances fort communes déterminent la formation de ce composé. De ce nombre sont les huiles, la graisse, les acides, et particulièrement le vinaigre. Le contact des doigts humides ne suffit-il pas déjà pour ternir la surface brillante du cuivre? Cet effet est bien plus rapide encore, lorsqu'on laisse séjourner dans un vase en cuivre quelqu'un des corps que nous venons de mentionner.

Ces taches de cuivre s'enlèvent avec de l'acide oxalique dissous dans l'eau. Cette dissolution, qui elle aussi est vénéneuse, est appelée *eau de cuivre* (225).

Au besoin, on arriverait à nettoyer parfaitement le cuivre en recourant à l'*eau forte* étendue d'eau (52).

100. Sulfate de cuivre. — Le sulfate de cuivre est le *vitriol bleu* des anciens chimistes. C'est un sel ordinairement en gros cristaux d'un beau bleu. Ces cristaux dissous dans l'eau donnent une dissolution de même couleur.

Expériences. — 1. Le sulfate de cuivre résulte de la combinaison de l'acide sulfurique avec le cuivre. On l'obtient, soit en laissant des morceaux de cuivre

Fig. 93. Cuivre précipité par le fer.

Fig. 94. — Dissolution de l'oxyde de cuivre dans l'ammoniaque.

tremper dans l'acide sulfurique étendu, soit encore, ce qui est plus rapide, en faisant bouillir dans un ballon de l'acide sulfurique auquel on a ajouté un peu de cuivre (79).

2. Quelques cristaux de sulfate de cuivre mis à dissoudre dans un verre d'eau donneront, après quelques heures, une dissolution de ce sel saturé à froid. — Cette dissolution, mise à évaporer lentement, donne de beaux cristaux de sulfate de cuivre.

3. Une tige de fer ou d'acier, une lame de couteau,

plongée dans cette dissolution, se couvre aussitôt d'une couche de cuivre rouge (fig. 93).

4. Une goutte d'ammoniaque versée dans une dissolution de sulfate de cuivre donne un précipité verdâtre, qui disparait, se dissout et donne une liqueur bleu céleste, si l'on ajoute de l'ammoniaque (fig. 94).

5. Un cristal de sulfate de cuivre chauffé sur une toile métallique perd sa couleur et sa transparence, il finit même par se réduire en poudre (79). Cette poussière desséchée sert à *chauler* le blé [1]. Cette opération, qui consiste à plonger le blé dans le sulfate de cuivre pulvérisé, a pour objet d'éloigner les insectes qui tenteraient d'attaquer les grains de blé, elle empêche aussi la formation du blé noir.

Usages. — Le sulfate de cuivre sert en teinture pour la préparation de certaines couleurs; en galvanoplastie, pour les reproductions métalliques; en agriculture, pour le chaulage du blé.

CHAPITRE VI

MÉTAUX PRÉCIEUX

Mercure. — Argent. — Or. — Platine.

200. Les métaux précieux, appelés aussi métaux *nobles*, ne sont pas seulement remarquables par leur rareté, leur prix et leur éclat: ils possèdent encore ce

[1] On prépare encore parfois le blé en saupoudrant les grains de poussière de chaux vive, ce qui constitue vraiment l'opération du *chaulage*.

caractère chimique qui leur est commun, de ne pas se ternir à l'air, du moins à la température ordinaire. Il n'y a même parmi eux que le mercure qui puisse s'oxyder à des températures élevées.

201. MERCURE. — Ce métal se rencontre parfois à l'état natif; plus communément, on l'extrait de son sulfure, appelé *cinabre*. Les centres d'extraction les plus importants étaient autrefois à Almaden, en Espagne; les mines les plus productives sont actuellement à New-Almaden, en Californie.

Propriétés physiques. — Le mercure est un métal *liquide* à la température ordinaire. Tandis que l'eau et les autres liquides mouillent les parois des vases où on les a versés, le mercure ne mouille pas le verre; aussi s'écoule-t-il sans laisser sur le verre aucune trace de son passage. Pour la même raison, le mercure roule sur le bois ou le marbre, et il s'y divise en gouttelettes mobiles et insaisissables. Comme d'ailleurs ce singulier liquide a le reflet et l'éclat de l'argent, on lui donne habituellement le nom expressif de *vif-argent*.

Le mercure est un des métaux les plus *lourds*, sa densité est de 13, 59; aussi le fer et même le plomb flottent à la surface de ce liquide, tandis que l'or et le platine s'y enfoncent (125). Ces différentes propriétés ont fait employer avec avantage le mercure à la construction des baromètres, des thermomètres et des manomètres, instruments de mesure étudiés en physique [1].

Le mercure paraît *froid* au toucher, parce qu'il conduit bien la chaleur.

Le mercure est solide à une température de — 39°, et il bout à 350°. Les vapeurs de mercure sont dangereuses à respirer; bien des fois elles ont occasionné

[1] V. *Physique expérimentale et pratique*, pp. 88, 99, 168.

la mort des ouvriers miroitiers. D'ailleurs les composés mercuriels sont aussi, pour la plupart, d'un emploi dangereux.

Expérience. — Chauffez un globule de mercure dans un verre de montre placé sous un entonnoir, vous y verrez se déposer des gouttes de mercure condensées.

202. **Amalgames.** — On appelle amalgames les alliages dans lesquels entre le mercure. La plupart des métaux s'allient au mercure. Le fer est presque le seul qui fasse exception.

Leurs caractères. — 1. Ces combinaisons des métaux avec le mercure se font même parfois avec chaleur et lumière.

Expériences. — Un morceau de sodium écrasé à l'aide d'une tige de verre dans un verre qui contient un globule de mercure devient bientôt incandescent; l'amalgame qui s'est subitement formé est alors liquide; refroidi, il devient solide. Jeté dans l'eau, il la décompose lentement; placé sous une éprouvette pleine d'eau (fig. 74), il donne de l'hydrogène (128), qui monte dans l'éprouvette. En même temps le mercure redevient libre, et le sodium reste dissous dans l'eau à l'état de soude (44).

2. Les amalgames sont d'ordinaire solides, brillants et cassants; tous sont décomposables par la chaleur.

Tain des glaces. — La surface métallique et brillante qui adhère au verre des miroirs est un amalgame d'étain (9). Cet alliage est fort usité, parce qu'il offre le double avantage d'être brillant et facile à produire. Pour l'obtenir, on applique une feuille d'étain fort mince sur une plaque de fonte bien dressée, puis on étend à sa surface une couche de mercure qui adhère à l'étain. Poussant ensuite la lame de verre ou de cristal à la surface du mercure, on fait en sorte qu'il ne reste pas de bulles d'air interposées. La glace, maintenue sous pression, fixe à sa surface le brillant amalgame.

L'*amalgame de bismuth* sert à argenter les globes et boules de verre.

203. **Amalgames d'or et d'argent.** — L'or et l'argent se combinent facilement au mercure; toute pièce d'argent ou d'or fixe à sa surface le mercure auquel elle n'a fait cependant que toucher: l'or blanchit, l'argent devient pour un instant plus brillant; mais en même temps ces deux métaux, peu à peu envahis par le mercure qui s'y répand, deviennent cassants; aussi est-il prudent de volatiliser au plus tôt le mercure qu'ils contiennent.

Expériences. — 1. Une lame de zinc est d'abord plongée dans l'eau acidulée où elle se nettoie, puis dans le mercure, où elle s'amalgame aussitôt. Retirée et frottée, elle reste brillante: il suffit de plier ce *zinc amalgamé* pour le briser.

Si on trace avec un clou une ligne sur le zinc ordinaire, puis qu'on fasse passer sur cette raie de l'eau acidulée et du mercure, le zinc amalgamé en cet endroit se coupera suivant cette ligne, en le pliant.

2. Un sou neuf ou nettoyé est amalgamé en le frottant avec du mercure. Il brille alors comme de l'argent, mais on rend à la pièce l'aspect du cuivre en le chauffant à la flamme de l'alcool, qui volatilise le mercure. On opérerait de la même manière pour enlever le mercure de pièces d'or ou d'argent qui se seraient accidentellement amalgamées.

Applications. — Dans les opérations métallurgiques où sont produits l'or et l'argent, on recueille ces métaux pulvérulents à l'aide du mercure, qui se combine avec eux ; il suffit ensuite de chauffer ces amalgames pour séparer le mercure du métal précieux.

ARGENT

204. Minerais d'argent. — L'argent est un métal fort répandu dans la nature. On le rencontre parfois

à l'état natif, mais le plus souvent il est combiné au soufre et à l'arsenic. Ordinairement la galène (191) d'où l'on extrait le plomb contient aussi de l'argent. L'extraction de l'argent se fait parfois de minerais qui n'en contiennent que 2 à 3 millièmes.—Les principales mines d'argent sont, en Europe, celles de Kongsberg, en Norvège; en Amérique, celles du Pérou. On voit dans ce dernier pays des montagnes percées dans toutes les directions par les galeries où les mineurs sont allés chercher l'argent. Le sol et les murailles elles-mêmes des maisons y renferment parfois une quantité d'argent fort appréciable.

205. Propriétés physiques. — L'argent est d'un blanc pur, il peut recevoir le plus beau poli; ce métal manque bien un peu de dureté puisque l'acier le raye aisément; mais, allié au cuivre, il devient plus résistant.

La densité de l'argent est 10, 5; son point de fusion 1000°. Après son éclat brillant, sa malléabilité et sa ductibilité sont ses plus importantes propriétés physiques. Il faut 4000 feuilles d'argent pour faire une épaisseur d'un millimètre. On en fait des fils si fins, qu'un fil d'argent de 2500 mètres ne pèse qu'un gramme.

Le *doublé* ou *plaqué* d'argent s'obtient en passant emsemble au laminoir une feuille de cuivre et une feuille d'argent.

206. Caractères chimiques. — L'argent ne se ternit à l'air à aucune température. L'acide sulfhydrique le noircit, mais l'acide azotique est son véritable dissolvant.

Expériences. — 1. Un fil d'argent mis dans la zone extérieure de la flamme d'une bougie donne, par suite de la fusion, une perle brillante non oxydée.

2. Une pièce d'argent laissée dans l'acide sulfhydrique gazeux ou dissous noircit (91).

3. Une pièce de 20 centimes, mise dans de l'eau forte qu'on porte à l'ébullition, finit par s'y dissoudre complètement. Si l'on ne poursuit l'expérience que fort peu de temps, la pièce n'est guère attaquée, et cependant l'eau forte contient de l'azotate d'argent.

4. Un grain de sel ou de l'eau salée introduits dans la liqueur précédente donnent un précipité blanc, qui y révèle la présence de l'argent. — On constatera aisément que l'ammoniaque dissout complètement ce précipité (194. 4).

207. Emploi de l'argent. — L'argent s'emploie pur ou à l'état d'alliage.

Argent pur. — L'argent tout à fait pur ou argent vierge coûte 222 fr. 22 le kilog. On ne le rencontre guère que dans les feuilles d'argent battu.

Argenture. — Le plus souvent on donne à certains métaux oxydables, et particulièrement au cuivre et à ses alliages (133), l'aspect et l'inaltérabilité de l'argent en les recouvrant d'une couche de ce métal. Cette pellicule d'argent est ordinairement fort mince : on ne met que 60 grammes d'argent sur 12 couverts de Ruolz; aussi le frottement met-il vite à nu, particulièrement sur les arêtes, le métal à protéger.

208. Alliages d'argent. — On emploie des alliages d'argent et de cuivre à différents titres. Voici les plus usités :

ALLIAGES	ARGENT	CUIVRE	ZINC
Pièces de 5 francs.	900	100	
Pièces inférieures à 5 fr.	835	93	72
Vaisselle.	950	50	
Bijoux.	800	200	

Argent et maillechort. — On fabrique un alliage contenant du cuivre, du zinc et du nickel, appelé maillechort, qui a l'aspect de l'argent; aussi le nomme-t-on également *argentan* (133). Il est quelquefois utile de distinguer ce faux argent du vrai.

Expérience. — On verse une goutte d'eau forte sur une pièce de monnaie et sur le maillechort. Ce dernier alliage donne une liqueur colorée, tandis que l'argent donne une liqueur incolore. Un peu de sel marin, en dissolution, trouble cette dissolution d'azotate d'argent (206. 4), sans produire d'effet sensible, avec le cuivre.

OR

209. Ses gisements. — L'or est, après le fer, le métal le plus répandu dans la nature; c'est aussi l'un des métaux les plus anciennement connus. D'ailleurs les métaux nobles, qui sont d'un travail plus facile, ont été obtenus et travaillés avant les métaux usuels.

L'or se trouve surtout à l'état natif: ses minerais ont l'éclat et la couleur jaune de l'or ordinaire. D'ordinaire ils sont extrêmement divisés; la poussière d'or forme des paillettes ou du *sable d'or:* on trouve cependant de l'or en *grains* plus gros; les minerais plus volumineux sont des *pépites:* on a rencontré des pépites pesant jusqu'à 50 et 80 kilogrammes.

Les gisements d'or les plus productifs sont actuellement dans les monts Ourals, en Californie et en Australie[1]. Le nouveau monde produit cinq fois plus d'or que l'ancien. Toutefois, même dans les terrains où il est le plus abondant, l'or est toujours fort disséminé. En Californie, on trouve en moyenne pour 1 fr. 20 d'or

[1] Dans ces deux derniers pays, les gisements aurifères sont appelés *placers.* Ces deux contrées ont produit pour 8 milliards d'or de 1848 à 1863.

dans chaque mètre cube de terres qu'on a dû abattre et laver (fig. 95).

210. Propriétés de l'or. — L'or pur est d'un jaune rougeâtre, c'est le plus brillant des métaux; aussi a-t-on dit qu'il est « le *soleil* des métaux ». L'alliage

Fig. 95. — Exploitation des mines d'or.

de cuivre et d'or est jaune. Une feuille d'or appliquée sur une lame de verre est jaune par réflexion; mais elle paraît verte, si on la regarde par transparence.

L'or est vraiment le *roi* des métaux que nous avons étudiés. Il l'emporte sur eux par sa densité, qui est 19, par son éclat, par le poli qu'il peut recevoir, par son inaltérabilité absolue à l'air, et aussi par sa malléabilité et sa ductilité. Il faut 12000 feuilles d'or pour faire une épaisseur d'un millimètre; avec un gramme d'or on peut obtenir une longueur de 3250 mètres.

L'or fond à 1100°, une étincelle électrique suffit pour le volatiliser.

211. Caractères chimiques. — Le seul dissolvant de l'or est l'eau régale (73); cette dissolution contient un

chlorure d'or, c'est un des rares sels d'or qui soit utilisé.

Emploi de l'or. — L'or s'emploie pur ou en alliage.

Or pur. — 1. Les principales *formes commerciales* de l'or sont : l'*or en feuilles* qui provient du battage de l'or : on le conserve en cahier, entre des feuilles de papier de soie ; l'*or en coquilles,* qui est de l'or pulvérulent et brillant, que les dessinateurs dissolvent dans la gomme arabique pour l'appliquer ensuite au pinceau ; l'*or en poudre,* que l'on met en suspension dans certaines liqueurs. La poudre d'or qu'on emploie pour sécher l'encre n'est que du sable mêlé de paillettes brillantes de mica.

2. La *dorure* se fait par des procédés qui varient avec la nature de l'objet qu'il faut dorer.

La *porcelaine* est dorée avec de l'or pulvérulent étendu à la gomme et fixée à l'aide d'un mordant. La pièce est ensuite recuite, puis brunie, c'est-à-dire polie, pour donner à l'or son brillant.

Le *plâtre* et le *bois* se dorent avec des feuilles d'or, après avoir reçu un mordant spécial. On les brunit ensuite et on les vernit.

Le *bronze* et les *métaux* étaient dorés autrefois avec un amalgame d'or dont le mercure était ensuite volatilisé par la chaleur. Cette opération se fait aujourd'hui plus fréquemment par galvanoplastie. L'argent doré par l'un de ces procédés est du *vermeil.*

212. Alliages d'or. — La plupart des pièces d'orfèvrerie en or sont des alliages de ce métal.

L'or pur vaut 3437 fr. le kilogr.

Les alliages d'or peuvent contenir de l'argent ou du cuivre.

1. Les alliages d'or et d'argent sont de l'*or vert* ou *électrum.*

2. Les alliages d'or et de cuivre se font à différents titres.

La monnaie d'or contient 900 d'or et 100 de cuivre.

La vaisselle et les différents objets d'or ont des titres qui varient de 920 à 750 millièmes.

PLATINE

213. Gisements. — Le platine est connu depuis un peu plus d'un siècle. Les minerais de ce métal contiennent souvent d'autres métaux encore moins connus et plus rares. On le rencontre dans les mêmes gisements que l'or, ce métal ne se trouvant jamais que dans la compagnie des métaux nobles.

Le platine nous vient aujourd'hui des monts Ourals, de la Colombie, du Brésil et du Pérou.

Propriétés physiques. — Le platine est le plus lourd des métaux, sa densité peut atteindre 23. Sa couleur est celle de l'argent : le mot *plata*, qui est la racine de son nom, signifie *argent* en espagnol. Le platine est mou et tendre comme le plomb ; aussi se laisse-t-il aisément laminer. Mais, plus résistant que le plomb, il se laisse plus facilement étirer. On a fait des fils de platine dont le diamètre, qui n'excédait pas celui d'un fil d'araignée, avait $\frac{1}{1200}$ de millimètre.

Le point de fusion du platine est évalué à 2000°. Il n'existe pas de métal qui fonde plus difficilement ; toutefois on est parvenu à le fondre à la flamme de l'hydrogène. On obtient ainsi, en une demi-heure, de 15 à 20 kilog. de platine fondu, ou environ un décimètre cube de ce métal.

214. Propriétés chimiques. — Le platine n'est soluble que dans l'eau régale, ce dissolvant de l'or (73) ; aussi se sert-on de creusets et d'alambics en platine pour faire bouillir la potasse et l'acide sulfurique[1]. Le platine, qui ne se combine ni avec l'oxygène ni avec l'hydrogène, peut condenser et comme dissoudre

[1] Un appareil en platine de 150 litres permettant de distiller et de condenser 7,000 kil. d'acide sulfurique en 24 heures, coûte 75,000 fr.

ces différents gaz, surtout si on l'emploie à l'état de platine pulvérulent ou spongieux.

Expérience. — Une spirale de platine portée au rouge reste incandescente si on la met dans un verre, au-dessus de l'alcool ou de l'éther (fig. 96).

Fig. 96. — Lampe sans flamme.

215. — EMPLOI DU PLATINE. — Le kilog. de platine coûte 900 fr. Sa rareté et son prix élevé en limitent beaucoup l'emploi.

On fait avec le platine des lames et des toiles métalliques inusables, des creusets et d'autres vases de formes diverses pour les arts chimiques. La Russie en a fait un moment une de ses monnaies. Les dentistes utilisent parfois un alliage de platine et de cuivre.

RÉSUMÉ

Le tableau suivant permettra de comparer entre elles les principales propriétés physiques des métaux qui sont d'un emploi plus fréquent :

MÉTAUX	COULEUR	DENSITÉ	MALLÉABILITÉ	DUCTILITÉ	FUSION	PRIX DU KIL. f. c.
Aluminium.	Blanc.	2,56	8	4	750°	80 »
Argent.	Blanc.	10,47	2	2	1,000°	222 »
Cuivre.	Rouge.	8,8	4	6	1,100°	2 50
Étain.	Blanc jaunât.	7,2	5	8	228°	3 50
Fer.	Blanc grisât.	7,2	9	5	1,500°	» »
Mercure.	Blanc.	13,59	»	»	39°	10 »
Or.	Jaune rougeât.	19,25	1	1	1,250°	3,437 »
Platine.	Blanc.	23	6	3	2,000°	900 »
Plomb.	Blanc bleuât.	11	7	9	335°	» 50
Zinc.	Blanc bleuât.	7	8	7	410°	» »

LIVRE III

Substances organiques.

CHAPITRE I

ACIDES DES VÉGÉTAUX

Acide acétique. — Acides gras. — Acides oxalique, tartrique et tannique.

210. Substances organiques.—*Origine.*—Les tissus dont sont formés les organes des végétaux et des animaux ont une structure et une composition spéciales qui les distinguent nettement des minéraux que nous avons étudiés exclusivement jusqu'à présent. On extrait des plantes, en particulier, un grand nombre de substances appelées organiques à cause de leur origine, qui sont la base d'industries spéciales aujourd'hui fort développées. En effet, pour nous borner à quelques exemples, les fabriques de papier utilisent la cellulose qui forme la trame des végétaux et les fibres de la toile. On extrait l'huile des graines oléagineuses telles que l'œillette, le colza et l'arachide, le sucre de la betterave, l'amidon des céréales : les couleurs des plantes tinctoriales, les parfums des plantes aromatiques.

Composition. — Chacun des divers principes que l'on retire des plantes ou de la graisse des animaux a sans doute ses propriétés toutes spéciales, qui ne permettent pas de les confondre; mais tous cependant sont formés de la même manière; car ils ne renferment que les mêmes éléments. Ces composés, si variés qu'ils soient, n'ont demandé, pour se former, que du carbone, de l'hydrogène et de l'oxygène; parfois cependant l'azote est admis à faire partie de leur combinaison. Ainsi ces substances organiques se comptent aujourd'hui par milliers, et cependant trois ou quatre corps simples au plus suffisent pour expliquer leur composition. — Il n'y a guère que vingt-quatre lettres dans les différents alphabets, et ces quelques signes ont suffi à l'homme pour composer tous les mots contenus dans les vocabulaires des différentes langues. Ainsi, et plus parfaitement encore, il a suffi à Dieu de se choisir quelques-uns des matériaux dont il a fait l'univers pour organiser la vie des plantes et des minéraux [1].

Nous allons étudier, dans les deux chapitres qui suivent et qui sont deux pages détachées de la chimie organique, incomparablement plus étendue, les substances acides ou alcalines qui s'extraient des végétaux.

217. Caractères principaux des acides organiques. — Les tissus des végétaux et la graisse des animaux contiennent un grand nombre d'acides. Nous nous bornerons aux plus connus, et afin d'en donner tout d'abord une idée générale, nous indiquerons les caractères qui leur sont communs.

La plupart de ces acides sont solubles dans l'eau : leur *saveur* rappelle alors celle du vinaigre. Leur

[1] Lucrèce, le vieux poète latin, semble avoir eu le pressentiment de ces merveilles de variété et de simplicité, quand il disait :

Et ne voyons-nous pas, dans ces vers que j'arrange,
Les mêmes lettres faire ainsi des mots nombreux,
Bien qu'il faille avouer que mots et vers entre eux
De son comme de sens à tout moment diffèrent,
Dès que les rapports seuls de leurs lettres s'altèrent!
Certes, *les éléments en composés divers*
Sont plus féconds encore au monde que mes vers.

(*Lucrèce*, ch. I, trad. Sully-Prudhomme.)

réaction sur le tournesol est ordinairement fort prononcée : une goutte de vinaigre ou un cristal d'acide oxalique suffisent pour rougir un grand volume de cette teinture. Le plus souvent ces acides sont combinés, dans divers tissus, avec des bases telles que la soude et la chaux.

ACIDE ACÉTIQUE

218. SYNONYMES. — L'acide acétique est un acide fort volatil, que l'on rencontre dans différents états : liquide, incolore et cristallisable, c'est l'acide acétique pur ; coloré et plus ou moins étendu d'eau, c'est le *vinaigre* ordinaire ; l'acide *pyroligneux* est encore de l'acide acétique plus ou moins pur, provenant de la distillation du bois.

219. PROPRIÉTÉS PHYSIQUES. — L'acide acétique pur cristallise vers 0° ; en tout temps il émet des vapeurs d'une odeur très vive ; aussi se sert-on du vinaigre ou de *sels* imprégnés d'acide acétique pour faire *revenir* les personnes tombées en syncope. La saveur de cet acide même fortement étendu est des plus mordantes, c'est celle d'un fort vinaigre ; une goutte de cet acide blanchit la muqueuse des lèvres : c'est d'ailleurs un poison.

220. CARACTÈRES CHIMIQUES. — L'odeur de cet acide permet facilement d'en reconnaître des traces ; personne ne peut s'y méprendre. Toutefois indiquons d'autres actions :

L'acide acétique dissout presque tous les métaux usuels. Un grand nombre des acétates qu'il forme alors reçoivent des applications en teinture ou en pharmacie.

Expériences. — 1. Chauffez dans un tube à essais un peu d'acétate de soude et d'acide sulfurique (fig. 97) : il se formera aussitôt de l'acide acétique pur, qui vous permettra de respirer une bonne fois l'odeur pénétrante d'un fort vinaigre. Cette vapeur est combustible.

2. Le vinaigre versé sur des clous, dans une soucoupe, donne un *bouillon* noir qui est de l'acétate de *fer*. Ainsi s'expliquent ces taches noires que le vinaigre et certains fruits acides laissent sur une lame de couteau.

Fig. 97. — Production d'acide acétique.

3. Le vinaigre dissout pareillement le céruse ou la litharge ; on obtient ainsi de l'acétate de *plomb*. — Avec le *cuivre* on obtient un autre acétate, qui est un violent poison (198).

221. Industrie du vinaigre. — Le vinaigre ou l'acide acétique sont obtenus par différents procédés ; le vin, le cidre et l'alcool donnent, sous l'influence de l'air et d'un ferment spécial, du vinaigre à différents degrés de concentration. — L'acide *pyroligneux* provient de la distillation du bois (102) : des bûches de bois mises à distiller dans des appareils analogues à ceux qui servent à distiller la houille (120) donnent un vrai vinaigre et du goudron, et même un alcool appelé *esprit de bois*.

ACIDES GRAS

222. On retire des matières grasses, telles que l'huile, le beurre et la graisse, des principes de composition variable. La margarine et la stéarine proviennent de cette origine.

Mais ces derniers composés sont eux-mêmes formés d'un acide et de glycérine. Ainsi la stéarine comprend l'acide stéarique et la glycérine. L'acide stéarique sert à faire des bougies; la glycérine, entre autres usages, entre dans la composition de certains savons.

Les trois acides qui suivent sont solides.

ACIDE OXALIQUE

223. Propriétés physiques. — L'acide oxalique est assez commun. On le trouve dans le commerce soit en petits cristaux trasparents et blancs, soit en dissolution formant l'eau de cuivre. C'est un *violent* poison. Cet acide est d'ailleurs beaucoup plus soluble dans l'eau bouillante que dans l'eau froide.

224. Caractères chimiques. — Un cristal d'acide oxalique jeté dans la teinture de tournesol la rougit aussitôt. Cet acide est remarquable par sa facile décomposition et par ses combinaisons.

1. **Décomposition.** — *Expériences.* — (*a*). Quelques

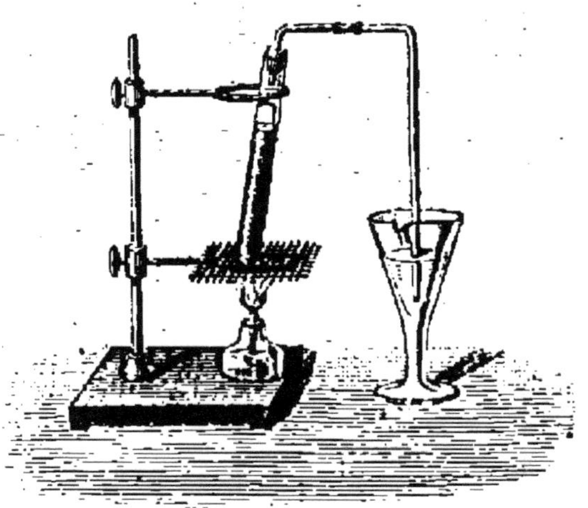

Fig. 98. — Décomposition de l'acide oxalique.

cristaux d'acide oxalique chauffés dans une cuiller en fer se décomposent sans laisser de résidu : l'acide oxalique ne donne, en effet, que de l'oxyde de carbone et de l'acide carbonique (121).

(*b*) Chauffés dans un tube à essais avec une goutte d'acide sulfurique, quelques cristaux d'acide oxalique donnent ces deux mêmes gaz; on peut alors enflammer l'oxyde de carbone (112) et reconnaître, avec l'eau de chaux (111, *b*), la formation d'acide carbonique (fig. 97.)

Combinaisons. — *Expériences.* — (*a*) L'eau de cuivre versée dans l'eau de *chaux* y donne un précipité blanc d'oxalate de chaux. Quand l'eau ordinaire donne le même précipité, elle contient donc pareillement de la chaux.

(*b*) La rouille ou *oxyde de fer* se dissout au contraire dans l'eau de cuivre : une dissolution de sulfate de fer précipitée par l'ammoniaque donne de l'oxyde de fer; cette rouille se dissout ensuite en ajoutant de l'acide oxalique. On s'explique par là que l'eau de cuivre décolore l'encre dans laquelle on la verse. On fait disparaître en partie les taches d'encre sur le papier ou sur la toile en les couvrant de cette même eau.

Il est mieux encore de faire plonger un morceau de papier d'étain dans la dissolution d'acide oxalique, qu'on emploie pour détacher un étoffe teinte d'encre.

(*c*) L'eau de *cuivre* nettoie ce métal en dissolvant la couche d'oxyde formée à sa surface (108).

223. Préparation. — L'oseille renferme de l'acide oxalique; on l'en extrait quelquefois, mais on préfère habituellement préparer cet acide en faisant réagir de l'acide azotique sur de l'amidon.

Expériences. — 1. Faites bouillir dans un ballon de l'acide azotique étendu avec de l'amidon, il se produira d'abondantes vapeurs rouges, et il restera un liquide qui, après refroidissement, abandonnera des cristaux d'acide oxalique (53).

2. Le jus d'oseille traité par l'eau de chaux donne un précipité blanc; il peut aussi servir à nettoyer le cuivre.

ACIDE TARTRIQUE

226. État dans la nature. — L'acide tartrique se retire du vin. La lie de vin contient, comme il est facile de le reconnaître, des cristaux qui sont du *tartre*, appelé aussi *tartrate* de potasse. On en extrait l'acide tartrique, comme on retire l'acide acétique de l'acétate de soude (220-1).

227. Propriétés physiques. — L'acide tartrique est solide, en gros cristaux transparents, d'une saveur fort acide. Le tartre partage cette saveur; aussi le vin perd-il de sa verdeur et de son acidité dès qu'il laisse déposer la lie. D'autre part, cet acide étant moins soluble dans l'alcool que dans l'eau, il se dépose à mesure que la proportion d'alcool augmente dans le vin.

Expériences. — 1. Un cristal d'acide tartrique placé sur un papier bleu de tournesol ne le rougit que si le papier est humide.

2. L'acide tartrique se précipite d'une dissolution concentrée faite dans l'eau, à mesure qu'on y ajoute de l'alcool.

Fig. 98. — Effervescence produite par l'acide tartrique.

228. Propriétés chimiques. — *Expériences.* — 1. Un cristal d'acide tartrique calciné dans une cuiller en fer se carbonise en dégageant une odeur de sucre brûlé qui est caractéristique.

2. L'acide tartrique pulvérisé mélangé à la craie en poudre ne fait effervescence que si on verse de l'eau dans le mélange. On prépare parfois de l'eau gazeuze en faisant réagir cet acide sur du bicarbonate de soude (fig. 98).

ACIDE TANNIQUE

229. ÉTAT DANS LA NATURE. — Les écorces de chêne, de bouleau et de châtaignier; les noix de galles et le brou de noix doivent leur amertume particulière au tannin ou acide tannique qu'ils contiennent.

Propriétés. — Le tannin est une poussière blanche amorphe, d'une saveur astringente, analogue à celle de l'encre; le tannin est soluble dans l'eau.

230. CARACTÈRES CHIMIQUES. — Le tannin se reconnaît aux précipités qu'il donne en présence des sels de fer et de l'albumine.

Expériences. — 1. La dissolution de tannin versée dans une dissolution nouvelle de sulfate de fer produit peu d'effet; mais l'action de l'air trouble peu à peu la liqueur. L'eau de chlore donne aussitôt un précipité qui a la couleur de l'encre. — Ainsi s'explique-t-on que certaines encres, pâles d'abord, noircissent avec le temps : l'oxygène ne se fixant que graduellement sur le tannate de fer, qui est la base de l'encre ordinaire (66).

2. Une dissolution de tannin versée dans de l'eau, à laquelle on a ajouté de l'albumine d'un œuf, donne un précipité floconneux. Ce précipité ne se corrompt pas comme l'albumine.

Application. — Cette dernière propriété du tannin est utilisée pour conserver les peaux. Le cuir n'est que la peau des animaux conservée, durcie et rendue imputrescible à l'aide du jus des écorces de chêne.

C'est le travail spécial qui se fait dans les tanneries. On emploie encore le tannin en teinture et aussi pour faire de l'encre.

CHAPITRE II

ALCALIS VÉGÉTAUX

Morphine. — Nicotine. — Quinine.

231. Caractères généraux. — Les alcalis ou *alcaloïdes* sont des bases naturelles. On appelle donc de ce nom des bases qui se trouvent dans les tissus organisés, particulièrement dans les végétaux, et qui se rapprochent de l'ammoniaque par l'ensemble de leurs propriétés chimiques.

Comme l'ammoniaque, en effet, ces corps ramènent au bleu la teinture de tournesol; ils sont solubles dans l'eau et se combinent tous avec des acides, particulièrement avec les acides sulfurique et chlorhydrique. La plupart de ces bases sont de violents poisons; il ne faudrait donc vérifier leurs propriétés qu'avec beaucoup de précautions. Leur contrepoison le plus sûr est le tannin ou une infusion de noix de galles (230).

MORPHINE

232. La morphine est le plus important et le plus abondant des alcalis renfermés dans l'opium. Les peuples de l'Orient préparent, avec le suc épaissi des pavots dont ils ont incisé les capsules (fig. 99), des boissons soporifiques ou des compositions qu'ils brûlent pour en respirer la fumée. L'usage habituel de l'opium provoque l'assoupissement, trouble le cerveau, entretient l'esprit dans un état continuel de rêverie, et produit finalement dans tout l'organisme les plus graves désordres [1].

Ces propriétés de l'opium en font un narcotique; aussi a-t-on formé le nom de la morphine, dont l'action est prédominante dans l'opium, du mot grec qui désigne le *sommeil*.

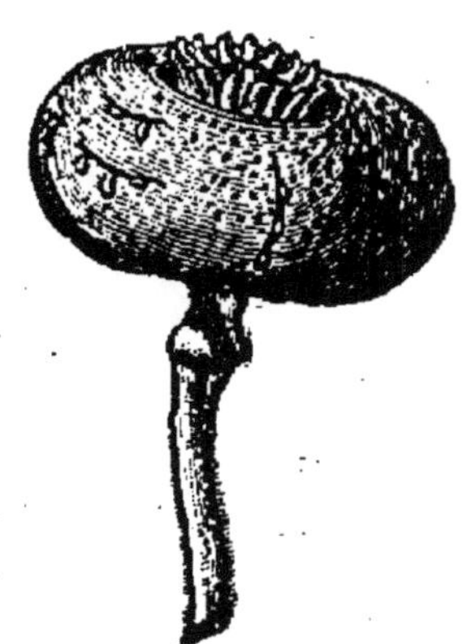

Fig. 99. — Capsule de pavot incisée.

La morphine, administrée en médecine, peut s'employer pure; mais le plus souvent on la prend à l'état de chlorhydrate ou de sulfate, parce que ces sels sont plus solubles dans l'eau.

La morphine est solide et fort amère. A la dose de quelques centigrammes, on l'emploie sous forme d'injection sous la peau pour provoquer le sommeil. Ce narcotique diminue la sensibilité, accélère les battements du cœur, provoque des nausées, donne des pesanteurs de tête, et amène finalement des troubles intellectuels. L'usage de la morphine, plus encore que celui du tabac, devient rapidement une passion dont les effets sont redoutables.

NICOTINE

233. La nicotine est l'alcaloïde du tabac; elle existe surtout dans les feuilles de cette plante (fig. 100). Certains tabacs de culture française plus riches en nicotine

[1] L'opium est surtout recherché par les Orientaux, qui le fument et le mâchent. Ne pouvant, à cause des lois civiles ou religieuses auxquelles ils sont soumis, s'adonner aux boissons alcooliques, tous les peuples qui couvrent l'immense Asie cherchent dans les narcotiques que contient l'opium les sensations avilissantes de l'ivresse. Un fumeur d'opium consomme chaque jour vingt grammes de ce suc en moyenne; il en est qui en prennent dix fois plus.

en contiennent jusqu'à 8 %, tandis qu'il n'y en a que 2 % dans celui de la Havane, qui est par suite plus inoffensif.

La nicotine est un liquide incolore, qui se dissout également bien dans l'eau, l'alcool et l'éther. Son odeur bien connue est des plus âcres; sa vapeur est suffocante et combustible.

Fig. 100. — Plante de tabac.

Il y a peu de poisons plus violents. Quelques gouttes de nicotine versées dans la gueule d'un chien le font périr rapidement dans d'affreuses convulsions.

C'est à la vapeur de la nicotine que le tabac doit la fâcheuse action qu'il exerce sur la santé et sur les facultés de ceux qui en abusent.

QUININE

La quinine est le plus précieux des alcaloïdes; doué d'une action sur l'organisme moins violente que les autres, il a la singulière vertu de calmer, de « couper » la fièvre. Ses propriétés curatives sont connues depuis longtemps. Les Péruviens en avaient les premiers fait l'essai; aussi recherchaient-ils dans leurs forêts « le bois de fièvres », afin de préparer avec son écorce pulvérisée un fébrifuge d'une efficacité certaine[1]. Les jésuites, et le cardinal de Lugo en particulier, ont contribué à faire adopter par les nations civilisées le remède découvert par les Indiens qu'ils évangélisaient.

Ce bois de fièvres est le quinquina, dont l'écorce arrive en Europe en planches ou en rouleaux, presque dans l'état où l'écorce du chêne est livrée aux tanneurs (229). Le quinquina jaune est le plus estimé. Les alcaloïdes qu'il renferme, entre autres la quinine, sont solubles dans l'alcool et dans le vin, à cause de son alcool.

La quinine extraite du quinquina se prend à l'état de sulfate. C'est un sel en petites aiguilles blanches, fort légères et d'une amertume extrême. Peu soluble dans l'eau, ce sulfate se dissout mieux dans l'eau aiguisée d'acide sulfurique.

La quinine coupe la fièvre à la dose de 25-60 centigrammes; on en prend parfois jusqu'à 3 grammes.

[1] *La chasse au quinquina.* — « Un Indien est intéressant à considérer dans un moment semblable, lorsqu'il est à la recherche des quinquinas. Allant et venant dans les étroites percées de la forêt, dardant la vue au travers du feuillage et semblant flairer le terrain sur lequel il marche, comme un animal qui poursuit une proie, se précipitant enfin tout à coup lorsqu'il a cru reconnaître la forme qu'il guettait, pour ne s'arrêter qu'au pied du tronc dont il avait deviné, pour ainsi dire, la présence. Il s'en faut de beaucoup cependant que ses recherches soient toujours suivies d'un résultat favorable; que de fois, lorsqu'il a découvert sur le flanc de la montagne l'indice de l'arbre, ne s'en trouve-t-il pas séparé par un torrent et par un abîme! Des journées peuvent alors se passer sans qu'il atteigne un objet que, pendant tout ce temps, il n'a, pour ainsi dire, pas perdu de vue. » Puis quand le fagot d'écorces est formé, il lui faut encore l'emporter. « Or il y a tel district où il faut que le *quinquina* soit porté pendant quinze ou vingt jours avant de sortir des bois qui l'ont produit. »

(WEDDEL, *Voyage en Bolivie.*)

SUPPLÉMENT

Manipulations chimiques.

Leur nécessité. — La chimie est une science d'observation. Il est donc de toute nécessité que chacune des propriétés des corps énoncés dans ce cours élémentaire soit vérifiée par l'expérience. Rien ne saurait suppléer à cette observation directe des phénomènes. L'imagination ne peut concevoir des propriétés qui sont toutes spéciales à chacune des substances chimiques, et la mémoire, si elle peut retenir les mots et les idées, ne saurait se rappeler des faits d'observation qui ne lui ont pas été confiés.

Leur intérêt. — Ajoutons que, autant la chimie présente de difficultés pour ceux qui voudraient l'étudier sans recourir à l'expérience, autant elle captive l'attention des élèves qui savent voir ce que sont les corps, et qui ne confient à leur mémoire aucun terme qui ne correspondrait pas à un souvenir bien précis ou à une idée parfaitement claire. Le cours de chimie le mieux fait sera donc toujours celui où les expériences auront été à la fois plus multipliées et plus concluantes.

Leurs apparentes difficultés. — Les manipulations que supposent les expériences de ce cours ne présentent, même pour des débutants, aucune difficulté sérieuse. Le succès nous paraît assuré pour celui qui saura se conformer strictement aux conseils qui accompagnent les préparations des gaz ou les réactions mutuelles des corps telles qu'elles sont indiquées dans ces notions élémentaires.

La seule objection sérieuse qui pourrait être formulée contre ce genre d'opérations serait l'impossibilité de réunir les produits et le matériel qui sont la matière première sur laquelle doivent s'exercer la patience, la sagacité et la bonne volonté du professeur. C'est pour venir en aide à ces bons vouloirs, suffisants pour assurer le succès de ces manipulations élémentaires, que nous ajoutons à ce manuel quelques renseignements pratiques.

Trois choses peuvent être préparées ou prévues avant d'entreprendre un cours de chimie : des *produits*, un *matériel* et des *appareils* montés. Nous allons passer en revue ces divers éléments d'un petit cabinet de chimie.

I. — Produits

Il serait facile de pointer, en lisant ce livre de chimie, les différents corps qui s'y trouvent mentionnés, afin d'en établir la liste. Mais voici le travail tout fait. Les produits y sont classés ; en outre, à côté de chacun d'eux on trouvera indiquée la quantité moyenne qu'on pourra se procurer pour tout l'ensemble des expériences, avec leur prix approximatif.

PRODUITS	POIDS	PRIX
	grammes.	fr. c.
* Soufre, un canon.	500	» 40
— deux mèches soufrées		» 10
* — (fleur de).	500	» 30
* Phosphore ordinaire.	100	1 20
— rouge	50	1 »
Plombagine ordinaire.		
* Potassium	5	2 »
* Sodium.	10	» 25

PRODUITS	POIDS	PRIX
	grammes.	fr. c.
Aluminium en feuilles.		» 75
Argent (livret).		» 50
* Étain, feuilles.		
— lame	250	» 90
* Plomb (grains de)		
— lame		
* Cuivre (tournure de).	250	» 90
* — lame, débris		
Fer, fil de 1mm.		
— fil fin.		
*— clous.		
Magnésium (fil de).	1	» 60
* Mercure	250	2 »
Platine (fil de)	1	1 »
Or (livret feuilles d').		2 50
Zinc en lames.	1,000	» 75
Fer blanc		
— galvanisé.		
— plombé.		
Laiton, feuille		» 25
— (fil de).		» 10
Maillechort laminé	100	1 60
* Chaux		
* Litharge	100	» 10
Minium	100	» 10
* Blanc de zinc.	250	» 35
* Oxyde rouge de mercure.	100	1 20
Oxyde de cuivre.	100	» 70
* Sulfure de carbone	250	» 30
* Potasse caustique	250	» 75
— (lessive de).	500	» 30
* Manganèse (oxyde de).	1,000	» 90
* Ammoniaque.	500	» 75
* Acide sulfurique	500	» 20
* — azotique.	500	» 75
* — chlorhydrique	1,000	» 20

PRODUITS	POIDS	PRIX
	grammes.	fr. c.
* Vinaigre.		
Acide acétique pur	500	1 50
* — oxalique	250	» 50
* — tartrique.	250	1 60
* Acide tannique.	125	1 »
* Quinine	1	1 »
* Carbonate de soude	1,000	» 15
* Calcaire, craie		
— morceaux de marbre.		
— ou de pierre à bâtir		
* Céruse	250	» 25
* Sel ammoniac.	500	1 35
* Sulfate de cuivre.	500	» 50
* — de fer.	1,000	» 25
* Plâtre		
* Sulfate de soude.	500	» 15
* Azotate de potasse	500	» 60
* — de soude	500	» 60
* Chlorate de potasse	500	1 35
* Chlorure de chaux.	500	» 15
Chlorure de baryum.	100	» 30
Silicate de potasse	125	1 »
* Acétate de soude	250	» 35
* Permanganate de potasse	50	» 45
* Prussiate jaune de potasse.	250	1 »
Alun de potasse.	500	» 25
* Tournesol (pains de)	200	» 60
* Amidon		
Cire		» 20
Benzine	250	» 50
* Alcool	500	2 »
* Noir animal	500	» 25
* Camphre	125	» 60
Éther	250	1 15
Paraffine.	125	1 10

Dans cette liste, nous avons fait précéder d'une astérisque les produits de première nécessité.

II. — Matériel

A proprement parler, la chimie n'a guère de matériel spécial qui lui soit rigoureusement indispensable. A part les ballons et les tubes de verre dont elle ne saurait plus se passer, elle sait pour bien des opérations se contenter de vases de toute forme et de toute provenance. Il est, certes, bien facile de s'installer un cabinet de chimie, organisé avec le matériel ordinaire des laboratoires. Il suffit pour cela de consulter un catalogue des fournisseurs d'ustensiles de chimie. Mais, si l'on doit compter avec un budget trop limité ou que les produits à acheter aient déjà épuisé toutes les ressources, on peut encore faire de la chimie suivant les procédés aussi ingénieux qu'économiques des Dalton, des Balard, des Gay-Lussac et de plusieurs autres maîtres de la science.

Le professeur qui doit se créer un matériel réunira tout ce qu'il peut de bouteilles à goulot large ou étroit, les premières pour conserver les produits solides, les autres pour contenir les liquides. Jouets d'enfants en tôle battue, débris de métaux, fragments de pierre, godets de porcelaine : tout sera recueilli, conservé et rangé, pour servir au cas échéant.

En outre, il faudra faire quelques acquisitions de ballons en verre, dont la capacité varie de 90 grammes à 500 grammes d'eau; deux petites cornues aussi en verre; un entonnoir en fer blanc ou en verre, grandeur moyenne; une lampe à alcool; un support, comme celui qui est figuré tant de fois dans ce livre pour tenir les ballons (fig. 70). — Chaque bouteille aura son bouchon; chaque ballon recevra le sien, au moment de l'expérience. — Les bouchons s'ajustent ou se trouent. On les taille à l'aide d'une lime plate pour les mettre à la grosseur voulue, et on les perce avec une lime ronde ou queue de rat pour faire les trous destinés à recevoir les tubes.

Les tubes de verre sont indispensables pour servir au dégagement des gaz ; les tubes de caoutchouc du même calibre ne sont pas moins utiles pour relier les tubes de verre. Enfin, pour éviter toute cause d'ennui et toute perte de temps, il est bon d'avoir quelques *bouchons en caoutchouc* percés de deux trous, destinés à fermer les ballons et les flacons.

III. — Appareils

Afin de gagner du temps, il est bon d'avoir, sur les rayons, un certain nombre de produits et d'appareils d'un usage courant. Une expérience est vite entreprise et non moins rapidement terminée, quand on trouve tout préparés produits et appareils.

1. *Dissolutions.* — Nous avons mentionné plus haut les produits qui s'achètent ; il faut également se procurer des dissolutions saturées qui ne se préparent qu'au laboratoire.

Les dissolutions les plus usitées sont les suivantes : eau de chaux (155, 3) ; eau de cuivre (223) ; sulfate de cuivre (199) ; sulfate de fer (66) ; sulfate de soude, azotate de plomb (193) ; eau de plâtre (162) ; eau de savon (26) ; tournesol en dissolution (41) ; alcool camphré (7) ; caméléon minéral (81, 3).

On obtient chacune de ces dissolutions en mettant dans une bouteille d'un demi-litre, par exemple, les produits avec de l'eau de pluie, de préférence à l'eau ordinaire ; on bouche la bouteille, on agite, et, après un temps plus ou moins long, la liqueur laissée au repos reste claire. La dissolution est saturée, s'il reste un dépôt au fond de la bouteille. — Il est mieux, pour éviter de troubler la dissolution, en s'en servant, d'en verser dans une bouteille plus petite le liquide transparent.

2. *Appareils.* — La forme et les éléments de chacun des appareils sont suffisamment indiqués à propos des corps à étudier. Mais nous ne saurions trop recommander de monter autant d'appareils spéciaux qu'il y a de gaz à préparer.

1. Le *flacon à hydrogène* conservera toujours son zinc, celui de l'acide *carbonique* son calcaire, celui de l'*acide sulfhydrique* son sulfure de fer. — Le liquide, après avoir servi, est rejeté ou conservé dans une bouteille spéciale; puis le flacon est lavé à l'eau ordinaire.

Le bouchon de caoutchouc garni de ses deux tubes, peut très bien servir pour ces différents appareils.

2. Les *ballons* servent à préparer les gaz à chaud. Chaque gaz a son ballon étiqueté; le cuivre (79), le manganèse (60) sont lavés après chaque expérience; les ballons dans lesquels on vient de préparer l'oxygène, l'oxyde de carbone, l'acide chlorhydrique, et l'ammoniaque, sont lavés et égouttés après chaque expérience.

On obtient de l'*acide sulfhydrique* en chauffant, dans un ballon, quelques morceaux de soufre avec de la paraffine. Cette préparation est fort commode; le ballon, retiré du feu, est conservé dans cet état pour d'autres expériences.

FIN

TABLE DES MATIÈRES

LIVRE I

Les métalloïdes et leurs principaux composés.

LIVRE II

Les métaux et leurs principaux composés.

LIVRE III

Substances organiques.

SUPPLÉMENT

TABLE USUELLE

Combustions vives.

Contrepoisons.

Couleurs.

Changements de couleurs.

Décolorants.

Engrais.

18809. — Tours, impr. Mame.

CLASSIQUES DE L'ALLIANCE DES MAISONS D'ÉDUCATION CHRÉTIENNE

Instruction religieuse (Cours d') à l'usage des maisons d'éducation, par M. l'abbé CAULY. Ouvrage honoré d'un bref de Sa Sainteté Léon XIII et approuvé par S. Em. le cardinal Langénieux, archevêque de Reims. 4 vol. in-12.

LE CATÉCHISME EXPLIQUÉ. — Dogme, Morale, Sacrements, Culte. 3e édition. 3 75

HISTOIRE DE LA RELIGION ET DE L'ÉGLISE. . . . . 4 »

RECHERCHE DE LA VRAIE RELIGION. — Religion en général, Religion révélée, Judaïsme, Christianisme, Eglise catholique. 2e édition. . . . . 3 »

APOLOGÉTIQUE CHRÉTIENNE. — Les mystères en face de la raison, Accord des sciences et de la foi, Questions historiques. 3 »

Grammaire française de Lhomond, revue et *complétée* par M. l'abbé A.-F. MAUNOURY, et suivie d'un traité d'analyse grammaticale et logique. . . . . 1 »

Exercices gradués sur la grammaire française, par M. l'abbé A.-F. MAUNOURY. 1 25

Cahiers de conjugaisons françaises. Petit in-4o . . . . » 15
Le cent . . . . 12 »

Analyse logique (Méthode élémentaire d'), par le Père A. LE MONNIER. . . . . » 40

Dictionnaire des verbes irréguliers, défectifs et difficiles de la langue française, où sont résolues toutes les difficultés concernant la conjugaison, par M. l'abbé NOIROT. . . . . 2 »

Fénelon. — Lettre sur les occupations de l'Académie française, par M. l'abbé E. GAUMONT. . . . . » 80

La Fontaine. — Fables, suivies d'un choix de Fables tirées des meilleurs fabulistes français. Edition classique, précédée de notices biographiques et littéraires, et accompagnée de notes et remarques historiques, philologiques, littéraires et morales, par M. l'abbé O. MEURISSE. 1 60

Recueil de poésies, par M. l'abbé E. JOLEAUD 1 25

Arithmétique élémentaire, par M. l'abbé SINOT . . . . 2 »

Exercices gradués (Recueil d') et de problèmes variés sur toutes les parties de l'arithmétique; suivis de 500 problèmes donnés à divers examens, par M. l'abbé GERMAIN. . . . . . 2 »

Histoire naturelle (Éléments d'), avec de nombreuses figures dans le texte, par M. l'abbé E. C.

ZOOLOGIE. Première partie (Anatomie et Physiologie). . . . 3 »
ZOOLOGIE. Deuxième partie (Classification et Description). . 2 50
BOTANIQUE. 2 50

Botanique (Cours élémentaire de), par les religieuses Ursulines de Blois. 2 50

Tableaux d'histoire naturelle, par M. l'abbé A. THOLIN. In-4o. 2 50

Atlas de cartes écrites, (17) 21 cartes, par M. l'abbé Julien. In-4o . . . . 4 »

Atlas de cartes muettes, par LE MÊME. (17) 21 cartes avec 87 devoirs cartographiques. In-4o. . . . . » 90

18809. — Tours, impr. Mame.

www.ingramcontent.com/pod-product-compliance
Ingram Content Group UK Ltd.
Pitfield, Milton Keynes, MK11 3LW, UK
UKHW020327230726
13925UKWH00002B/669